機械学習のための
確率と統計

Probability and Statistics
for Machine Learning

杉山 将

講談社

■ 編者
杉山　将 博士（工学）

理化学研究所 革新知能統合研究センター センター長
東京大学大学院新領域創成科学研究科 教授

■ シリーズの刊行にあたって

　インターネットや多種多様なセンサーから，大量のデータを容易に入手できる「ビッグデータ」の時代がやって来ました．現在，ビッグデータから新たな価値を創造するための取り組みが世界的に行われており，日本でも産学官が連携した研究開発体制が構築されつつあります．

　ビッグデータの解析には，データの背後に潜む規則や知識を見つけ出す「機械学習」とよばれる知的データ処理技術が重要な働きをします．機械学習の技術は，近年のコンピュータの飛躍的な性能向上と相まって，目覚ましい速さで発展しています．そして，最先端の機械学習技術は，音声，画像，自然言語，ロボットなどの工学分野で大きな成功を収めるとともに，生物学，脳科学，医学，天文学などの基礎科学分野でも不可欠になりつつあります．

　しかし，機械学習の最先端のアルゴリズムは，統計学，確率論，最適化理論，アルゴリズム論などの高度な数学を駆使して設計されているため，初学者が習得するのは極めて困難です．また，機械学習技術の応用分野は非常に多様なため，これらを俯瞰的な視点から学ぶことも難しいのが現状です．

　本シリーズでは，これからデータサイエンス分野で研究を行おうとしている大学生・大学院生，および，機械学習技術を基礎科学や産業に応用しようとしている大学院生・研究者・技術者を主な対象として，ビッグデータ時代を牽引している若手・中堅の現役研究者が，発展著しい機械学習技術の数学的な基礎理論，実用的なアルゴリズム，さらには，それらの活用法を，入門的な内容から最先端の研究成果までわかりやすく解説します．

　本シリーズが，読者の皆さんのデータサイエンスに対するより一層の興味を掻き立てるとともに，ビッグデータ時代を渡り歩いていくための技術獲得の一助となることを願います．

2014 年 11 月

「機械学習プロフェッショナルシリーズ」編者

杉山 将

■ まえがき

コンピュータの発展やインターネットの普及によって，テキスト，画像，動画などの情報に誰でも容易にアクセスできるようになりました．また，ウェブの検索履歴，店舗での購買履歴，病院での診察履歴などの行動履歴もどんどん蓄積されています．このような大量のデータはビッグデータなどともよばれ，背後に潜んでいる有益な情報をうまく取り出して新たな価値を創造しようという機運が高まっています．

しかし，大量のデータをそのまま眺めても，データの山に埋もれてしまうだけです．データを適切に要約することによって，初めて意味のある情報が得られます．例えば，購買履歴を要約することによって，どのような人がいつどのような商品を買う傾向があるか，何と何が同時に購入されているかなどの知見が得られ，今後の商品開発や販売戦略の立案に活かせます．

大量のデータの要約には，機械学習とよばれる技術が用いられます．機械学習とは，コンピュータに人間のような学習能力を持たせるための技術の総称で，日進月歩の勢いで発展しています．確率と統計は最先端の機械学習手法で用いられている数学的な道具であり，ビッグデータ時代に不可欠な学問となりつつあります．

本書は，新たにデータ解析の分野に参入しようとしている研究者，技術者，学生を対象とした確率と統計の入門書です．確率と統計の理解を深めていくにあたり必要となる線形代数，微分積分などの基礎知識も，合わせて紹介します．

第1章「確率変数と確率分布」では，確率と統計の基礎的な概念を概観します．第2章「離散型確率分布の例」および第3章「連続型確率分布の例」では，よく用いられる確率分布の具体例を示します．第4章「多次元確率分布の性質」では多次元データの解析に用いられる概念を概観し，第5章「多次元確率分布の例」では多次元の確率分布の具体例を紹介します．第6章「任意の確率分布に従う標本の生成」では，コンピュータを使った標本の生成アルゴリズムを紹介します．第7章「独立な確率変数の和の確率分布」ではデータを大量に集めたときの漸近論を概観し，第8章「確率不等式」では確率変

数が満たすさまざまな不等式を示します．第9章「統計的推定」ではデータから確率分布を推定する手法を，第10章「仮説検定」ではデータを用いて仮説の妥当性を検証する手法をそれぞれ紹介します．

本書を執筆するにあたり，名古屋工業大学の竹内一郎先生，東京工業大学の鈴木大慈先生，杉山研究室の学生の皆さん，講談社サイエンティフィクの横山真吾さんに大変お世話になりました．心より感謝いたします．

2014年11月

杉山 将

目次

- シリーズの刊行にあたって iii
- まえがき iv

第1章 確率変数と確率分布 1

1.1 基礎用語の定義 1
1.2 確率とは 3
1.3 確率変数と確率分布 4
1.4 確率分布の性質を表す指標 7
    1.4.1 期待値，中央値，最頻値 7
    1.4.2 分散，標準偏差 9
    1.4.3 歪度，尖度，積率 10
1.5 確率変数の変換 13

第2章 離散型確率分布の例 15

2.1 離散一様分布 15
2.2 二項分布 16
2.3 超幾何分布 17
2.4 ポアソン分布 21
2.5 負の二項分布 24
2.6 幾何分布 26

第3章 連続型確率分布の例 27

3.1 連続一様分布 27
3.2 正規分布 27
3.3 ガンマ分布，指数分布，カイ二乗分布 31
3.4 ベータ分布 35
3.5 コーシー分布とラプラス分布 38
3.6 t 分布と F 分布 40

第4章 多次元確率分布の性質 43

4.1 同時確率分布 43
4.2 条件付き確率分布 44
4.3 分割表 45
4.4 ベイズの定理 46

4.5　共分散と相関 ･････････････････････････････････ 48
   4.6　独立性 ･･ 49

第5章　多次元確率分布の例 ･･･････････････････････ 53
   5.1　多項分布 ･･････････････････････････････････････ 53
   5.2　多次元正規分布 ････････････････････････････････ 54
   5.3　ディリクレ分布 ･･････････････････････････････････ 57
   5.4　ウィシャート分布 ･････････････････････････････････ 61

第6章　任意の確率分布に従う標本の生成 ･･････････ 65
   6.1　逆関数法 ･･････････････････････････････････････ 65
   6.2　棄却法 ･･ 66
   6.3　マルコフ連鎖モンテカルロ法 ･･･････････････････････ 69

第7章　独立な確率変数の和の確率分布 ･･････････ 71
   7.1　畳み込み ･･････････････････････････････････････ 71
   7.2　再生性 ･･ 72
   7.3　大数の法則 ････････････････････････････････････ 74
   7.4　中心極限定理 ･･････････････････････････････････ 76

第8章　確率不等式 ･･･････････････････････････････ 79
   8.1　和集合上界 ････････････････････････････････････ 79
   8.2　確率の不等式 ･･････････････････････････････････ 80
      8.2.1　マルコフの不等式とチェルノフの不等式 ･･･････････ 80
      8.2.2　カンテリの不等式とチェビシェフの不等式 ････････ 81
   8.3　期待値の不等式 ････････････････････････････････ 82
      8.3.1　イェンセンの不等式 ･･････････････････････････ 82
      8.3.2　ヘルダーの不等式とシュワルツの不等式 ････････ 83
      8.3.3　ミンコフスキーの不等式 ･････････････････････ 84
      8.3.4　カントロビッチの不等式 ･･･････････････････････ 85
   8.4　独立な確率変数の和と平均に関する不等式 ･･･････ 85
      8.4.1　チェビシェフの不等式とチェルノフの不等式 ･･････ 85
      8.4.2　ヘフディングの不等式とベルンシュタインの不等式 ･･ 86
      8.4.3　ベネットの不等式 ････････････････････････････ 87

第9章　統計的推定 ･････････････････････････････････ 89
   9.1　統計的推定の基礎 ･････････････････････････････ 89
   9.2　最尤推定 ･･････････････････････････････････････ 90
   9.3　ベイズ推論 ････････････････････････････････････ 92

- 9.4 ノンパラメトリック推定 95
- 9.5 最小二乗法 97
- 9.6 モデル選択 99
- 9.7 信頼区間 100
  - 9.7.1 正規標本の期待値の推定に対する信頼区間 100
  - 9.7.2 ブートストラップ法による信頼区間 102
  - 9.7.3 ベイズ推論における信頼区間 103

第10章 仮説検定 104

- 10.1 仮説検定の基礎 104
- 10.2 正規標本の期待値に関する検定 106
- 10.3 ネイマン・ピアソンの補題 107
- 10.4 分割表の検定 108
- 10.5 正規標本の期待値の差に関する検定 109
  - 10.5.1 二標本間に対応がない場合 110
  - 10.5.2 二標本間に対応がある場合 111
- 10.6 順位によるノンパラメトリック同一性検定 113
  - 10.6.1 二標本間に対応がない場合 113
  - 10.6.2 二標本間に対応がある場合 114
- 10.7 モンテカルロ検定 115

- ■ 参考文献 116
- ■ 索 引 117

Chapter 1

確率変数と確率分布

本章では，まず確率論の基本的な用語を説明し，確率の概念を導入します．そして，確率と統計の基礎をなす確率変数と確率分布を定義し，確率分布の性質を表すさまざまな指標を紹介します．

1.1 基礎用語の定義

6面体のさいころを投げたとき，起こり得る可能な結果は $1,2,3,4,5,6$ であり，それ以外の目は出ません．このような可能な結果のことを**標本点**（sample point）とよび，標本点の全体の集合を**標本空間**（sample space）とよびます．

起こり得る事柄を**事象**（event）とよび，事象は標本空間の部分集合によって定義されます．例えば，さいころの目が奇数であるという事象 A は，

$$A = \{1, 3, 5\}$$

と表します．また，標本点を1つも含まない事象を**空事象**（empty event）とよび，$\emptyset$ と表記します．ただ1つの標本点からなる事象を**根元事象**（elementary event）とよび，複数の標本点を含む事象を**複合事象**（composite event）とよびます．標本空間全体を**全事象**（whole event）とよびます．以下，図1.1を使って，複数の事象の組合せに関する概念を説明します．

事象 A と B の少なくともどちらか1つが起こるという事象を A と B の**和事象**（union of events）とよび，$A \cup B$ と表記します．例えば，さいころ

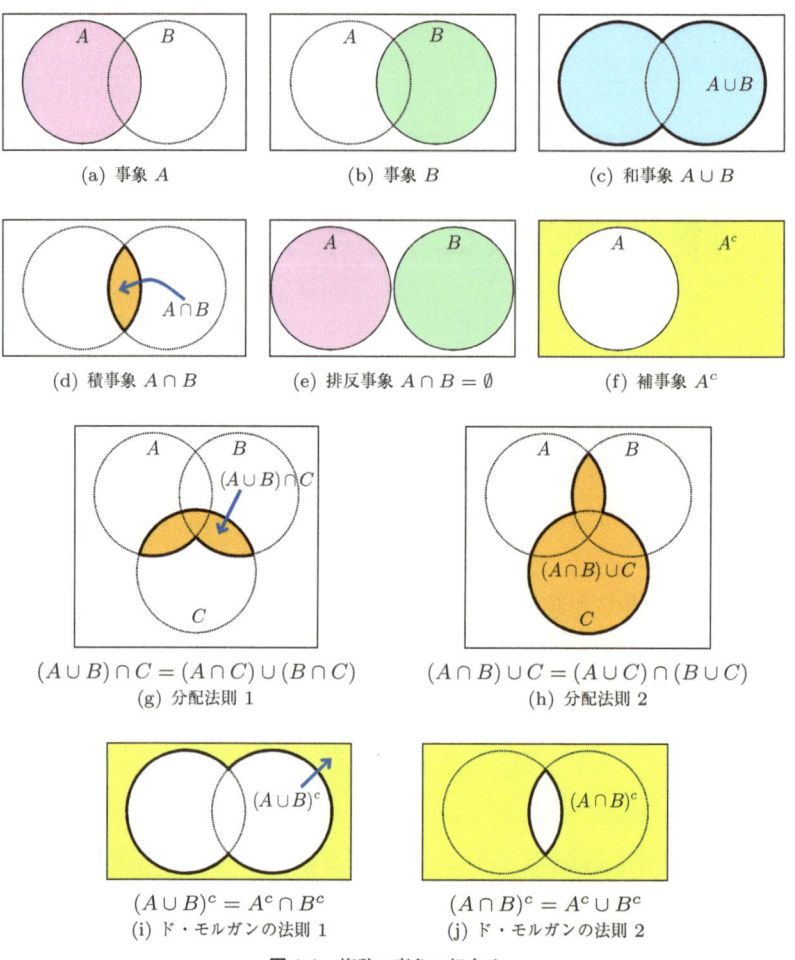

図 1.1 複数の事象の組合せ．

の目が奇数であるという事象 A とさいころの目が 3 以下であるという事象 B の和事象は，

$$A \cup B = \{1,3,5\} \cup \{1,2,3\} = \{1,2,3,5\}$$

となります．一方，事象 A と B の両方が同時に起こるという事象を A と B

の**積事象**（**intersection of events**）とよび，$A \cap B$ と表記します．先ほどの例での事象 A と B の積事象は，

$$A \cap B = \{1,3,5\} \cap \{1,2,3\} = \{1,3\}$$

となります．

事象 A と B が同時に起こり得ないとき，つまり，

$$A \cap B = \emptyset$$

のとき，A と B は**排反事象**（**disjoint events**）であるといいます．さいころの目が奇数であるという事象 A とさいころの目が偶数であるという事象 B は同時に起こらないため，これらは排反事象です．

3つの事象 A, B, C に対して，次の**分配法則**（**distributive law**）が成り立ちます．

$$(A \cup B) \cap C = (A \cap C) \cup (B \cap C) \tag{1.1}$$

$$(A \cap B) \cup C = (A \cup C) \cap (B \cup C) \tag{1.2}$$

事象 A が起こらないという事象を A の**補事象**（**complementary event**）とよび，A^c と表記します．さいころの目が奇数であるという事象 A の補事象 A^c は，さいころの目が奇数でないこと，つまり，さいころの目が偶数であることです．事象 A, B の和事象と積事象の補事象について，次の**ド・モルガンの法則**（**de Morgan's law**）が成り立ちます．

$$(A \cup B)^c = A^c \cap B^c \tag{1.3}$$

$$(A \cap B)^c = A^c \cup B^c \tag{1.4}$$

1.2 確率とは

確率（**probability**）とは，事象の起こりやすさを定量的に示すものであり，事象 A の起こる確率を $\Pr(A)$ と表記します．

確率と事象の関係を規定し確率論を数学的に構成するためには，公理に基づいて体系的に議論していくのが自然です．この考えに基づいて，ロシアの数学者**コルモゴロフ**（**Kolmogorov**）は確率の3つの公理を設けました．

1. 任意の事象 A_i に対して，$0 \leq \Pr(A_i) \leq 1$
2. 全事象 Ω に対して，$\Pr(\Omega) = 1$
3. 互いに排反な事象 A_i に対して，$\Pr(\bigcup_i A_i) = \sum_i \Pr(A_i)$

この確率の公理主義的定義のもとでは，すべての議論を上記の 3 つの公理のみに基づいて行います．

よって，2 つの事象 A と B に対して，

$$\Pr(A \cup B) = \Pr(A) + \Pr(B) - \Pr(A \cap B) \tag{1.5}$$

が成り立ちます．これを，**加法法則**（additive law）とよびます．加法法則は 3 つ以上の事象にも拡張でき，事象 A, B, C に対して，

$$\begin{aligned}\Pr(A \cup B \cup C) = &\Pr(A) + \Pr(B) + \Pr(C) \\ &- \Pr(A \cap B) - \Pr(A \cap C) - \Pr(B \cap C) \\ &+ \Pr(A \cap B \cap C)\end{aligned} \tag{1.6}$$

が成り立ちます．

1.3 確率変数と確率分布

ある変数がとる各値に対して確率が与えられているとき，その変数を**確率変数**（random variable）とよびます．また，確率変数が実際にとる値を実現値とよびます．**確率分布**（probability distribution）とは，確率変数の実現値と確率との関係を関数として表したものです．

可算集合（countable set）とは，集合の各元に $1, 2, 3, \ldots$ と番号をつけて数え上げることができる集合です．可算集合の中の値をとる確率変数を，**離散型確率変数**（discrete random variable）とよびます．なお，集合の大きさは有限である必要はなく，自然数全体のような無限集合を考えても構いません．離散型確率変数 x が確率

$$\Pr(x) = f(x) \tag{1.7}$$

でその値をとるとき，$f(x)$ を**確率質量関数**（probability mass function）とよびます．ただし，$f(x)$ は

$$\text{すべての } x \text{ に対して } f(x) \geq 0 \text{ かつ } \sum_x f(x) = 1 \tag{1.8}$$

を満たす必要があります．偏りのない 6 面体のさいころの出る目 $x \in \{1,2,3,4,5,6\}$ は離散型確率変数であり，対応する確率質量関数は $f(x) = 1/6$ で与えられます（図 1.2）．

一方，連続値をとる確率変数を**連続型確率変数**（continuous random variable）とよびます．連続型確率変数 x が確率

$$\Pr(a \leq x \leq b) = \int_a^b f(x) \mathrm{d}x \tag{1.9}$$

で a 以上 b 以下の値をとるとき，$f(x)$ を**確率密度関数**（probability density function）とよびます（図 1.3(a)）．ただし，$f(x)$ は

$$\text{すべての } x \text{ に対して } f(x) \geq 0 \text{ かつ } \int f(x) \mathrm{d}x = 1 \tag{1.10}$$

を満たす必要があります．例えば，ルーレットを回して止まったときの角度 $x \in [0, 2\pi)$ は連続型確率変数であり，対応する確率密度関数は $f(x) = 1/(2\pi)$ で与えられます．式 (1.9) より，連続型確率変数 x がある値 b をとる確率はゼロとなります．

$$\Pr(b \leq x \leq b) = \int_b^b f(x) \mathrm{d}x = 0$$

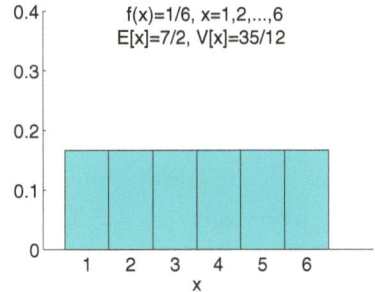

(a) 偏りのない 6 面体のさいころの出る目（離散一様分布 $U\{1,\ldots,6\}$）

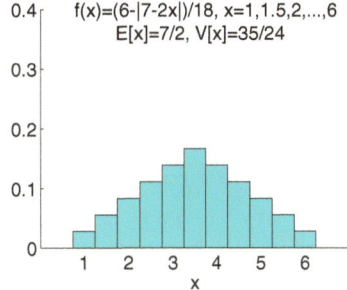

(b) 偏りのない 6 面体のさいころ 2 つの出る目の平均

図 1.2 確率質量関数の例．

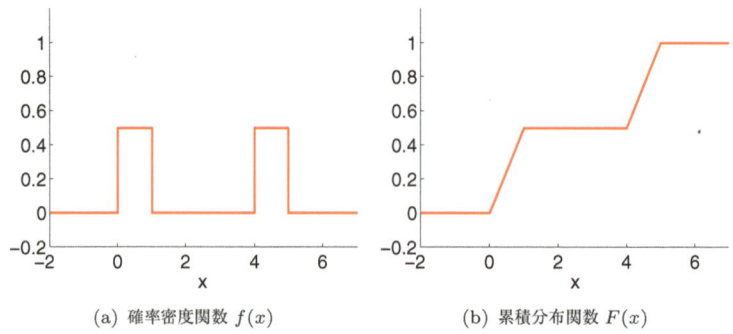

(a) 確率密度関数 $f(x)$　　(b) 累積分布関数 $F(x)$

図 1.3　確率密度関数の例と対応する累積分布関数.

つまり，ルーレットがある角度にぴったり止まる確率はゼロです．

連続型確率変数 x が b 以下の値をとる確率

$$F(b) = \Pr(x \leq b) = \int_{-\infty}^{b} f(x) \mathrm{d}x \tag{1.11}$$

を，**累積分布関数**（**cumulative distribution function**）とよびます（図 1.3(b)）．累積分布関数は以下の性質を満たします．

- **単調非減少**：$x_1 < x_2$ ならば $F(x_1) \leq F(x_2)$
- **左極限**：$\lim_{x \to -\infty} F(x) = 0$
- **右極限**：$\lim_{x \to +\infty} F(x) = 1$

また，累積分布関数が微分可能ならば，微分は確率密度関数と一致します．

$$F'(x) = f(x) \tag{1.12}$$

$\Pr(a \leq x)$ のことを**上側確率**（**upper-tail probability**）あるいは**右裾確率**（**right-tail probability**），$\Pr(x \leq b)$ のことを**下側確率**（**lower-tail probability**）あるいは**左裾確率**（**left-tail probability**）とよびます．上側確率と下側確率を合わせたものを**両側確率**（**two-sided probability**），上側確率と下側確率のいずれかを**片側確率**（**one-sided probability**）とよびます．

1.4 確率分布の性質を表す指標

確率分布の性質を議論する際には，確率質量関数や確率密度関数を要約した指標があると便利です．本節では，確率分布の性質を表すさまざまな指標を導入します．

1.4.1 期待値，中央値，最頻値

期待値（**expectation**）は，確率変数がとるであろうと期待される値を表す指標です（図 1.4）．確率変数 x の期待値を $E[x]$ と表記し，x の $f(x)$ による重み付き平均によって定義します．

$$E[x] = \begin{cases} \displaystyle\sum_x x f(x) & （離散型）\\ \displaystyle\int x f(x) \mathrm{d}x & （連続型） \end{cases} \quad (1.13)$$

ただし，3.5 節で説明するコーシー分布のように，確率分布によっては期待値が存在しない（無限大に発散する）こともあります．

x の任意の関数 $\xi(x)$ に対しても，同様に期待値を定義できます．

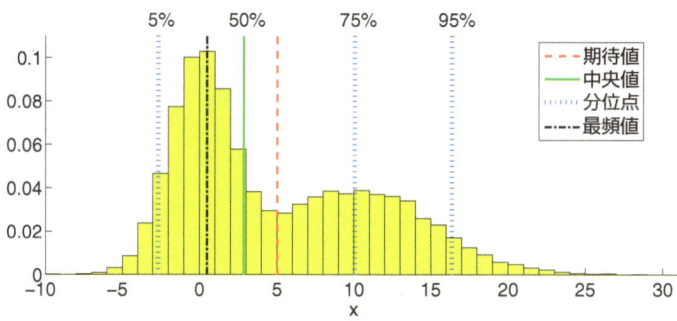

図 1.4　期待値は x の $f(x)$ による重み付き平均．中央値は $f(x)$ の左側から 50 %に対応する点．α 分位点（$0 \leq \alpha \leq 1$）は中央値を一般化した概念で，$f(x)$ の左側から 100α %に対応する点．最頻値は $f(x)$ を最大にする x．

$$E[\xi(x)] = \begin{cases} \sum_x \xi(x) f(x) & \text{(離散型)} \\ \int \xi(x) f(x) \mathrm{d}x & \text{(連続型)} \end{cases} \quad (1.14)$$

また，期待値の演算子 E は，定数 c に対して次の性質を満たします．

- $E[c] = c$
- $E[x+c] = E[x] + c$
- $E[cx] = cE[x]$

期待値は，確率分布の「真ん中」を表す指標です．しかし，**外れ値**（outlier）があるとき，期待値は直感と合わない値になることがあります．例えば，図 1.5 は年収を模した確率分布を表していますが，年収 1 億円の超高給取りが存在することによって，他の全員の年収が期待値 621 万円よりも小さくなっています．このような状況では，期待値よりも**中央値**（median）のほうが有用です．中央値は

$$\Pr(x \leq b) = 1/2 \text{ を満たす } b \quad (1.15)$$

と定義され，左側からも右側からも 50 ％に対応する点という意味で確率分布の「真ん中」になっています（図 1.4）．図 1.5 の年収の例では中央値は 313 万円であり，集団の中央に位置しています．

中央値を一般化した α **分位点**（quantile）（$0 \leq \alpha \leq 1$）は，

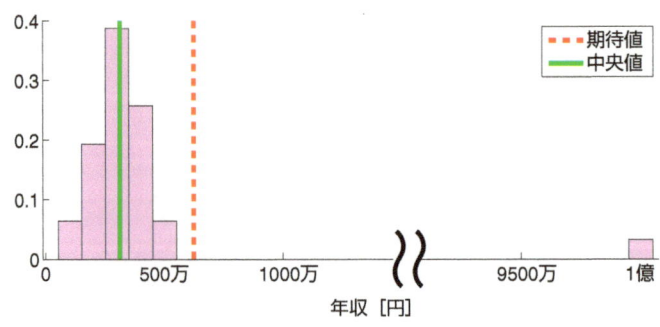

図 1.5　年収分布．期待値は 621 万円，中央値は 313 万円．

$$\Pr(x \leq b) = \alpha \text{ を満たす } b \tag{1.16}$$

と定義されます（図 1.4）．中央値は 0.5 分位点に対応します．

ここで，有限の区間 $[a,b]$ 上に定義された確率密度関数 $f(x)$ を考えましょう．**期待二乗誤差**（expected squared error）

$$E\left[(x-y)^2\right] = \int_a^b (x-y)^2 f(x) \mathrm{d}x \tag{1.17}$$

を最小にする y は，x の期待値と一致します．また，**期待絶対誤差**（expected absolute error）

$$E\left[|x-y|\right] = \int_a^b |x-y| f(x) \mathrm{d}x \tag{1.18}$$

を最小にする y は，x の中央値と一致します．さらに，式 (1.18) の絶対値の正と負の部分の重みを変えた

$$\int_a^b |x-y|_\alpha f(x)\mathrm{d}x, \quad |x-y|_\alpha = \begin{cases} (1-\alpha)(x-y) & (x > y) \\ \alpha(y-x) & (x \leq y) \end{cases}$$

を最小にする y は，x の α 分位点と一致します．

他には，

$$f(x) \text{ を最大にする } x$$

によって定義される**最頻値**（**mode**）もしばしば用いられます（図 1.4）．

1.4.2 分散，標準偏差

期待値などの確率分布の「真ん中」を表す指標は確率分布の性質を表す最も基本的な指標ですが，期待値が同じでも確率分布そのものは大きく異なることがあります．そこで次に，確率分布の広がり具合を表す**分散**（variance）という指標を考えることにします．

確率変数 x の分散を $V[x]$ と表記し，

$$V[x] = E\left[(x - E[x])^2\right] \tag{1.19}$$

と定義します．分散は，

$$V[x] = E\left[x^2 - 2xE[x] + (E[x])^2\right] = E[x^2] - (E[x])^2 \tag{1.20}$$

と展開したほうが計算しやすいこともあります．定数 c に対して，分散の演算子 V は次の性質を満たします．

- $V[c] = 0$
- $V[x+c] = V[x]$
- $V[cx] = c^2 V[x]$

これらの性質は期待値の演算子 E と大きく異なるため，注意が必要です．

2つのさいころの出る目の平均の確率質量関数を図1.2(b)に示しました．期待値はさいころ1つの出る目と同じく7/2ですが，分散はさいころ1つの出る目の半分の35/24になります．7.4節で示すように，n 個のさいころの出る目の平均の分散は $1/n$ 倍になります．

分散の平方根を**標準偏差**（**standard deviation**）とよび，$D[x]$ と表記します．

$$D[x] = \sqrt{V[x]} \tag{1.21}$$

分散の値を σ^2 で，標準偏差の値を σ で表すのが慣例です．

1.4.3 歪度，尖度，積率

期待値や分散に加えて，確率分布の非対称性を表す**歪度**（**skewness**）や，確率分布の尖り具合を表す**尖度**（**kurtosis**）もしばしば用いられます．

$$歪度：\frac{E\left[(x-E[x])^3\right]}{(D[x])^3} \tag{1.22}$$

$$尖度：\frac{E\left[(x-E[x])^4\right]}{(D[x])^4} - 3 \tag{1.23}$$

分母の $(D[x])^3$ や $(D[x])^4$ は標準偏差をそろえるためであり，また，尖度に含まれる -3 は3.2節で紹介する正規分布の尖度が0になるように調整しています．歪度が正のときは右側の裾が左側より長く，逆に歪度が負のときは左側の裾のほうが長くなります（図1.6）．また，尖度が正のときはその確率分布は正規分布より尖っており，逆に尖度が負のときはその確率分布は正規分布より鈍い形をしています（図1.7）．

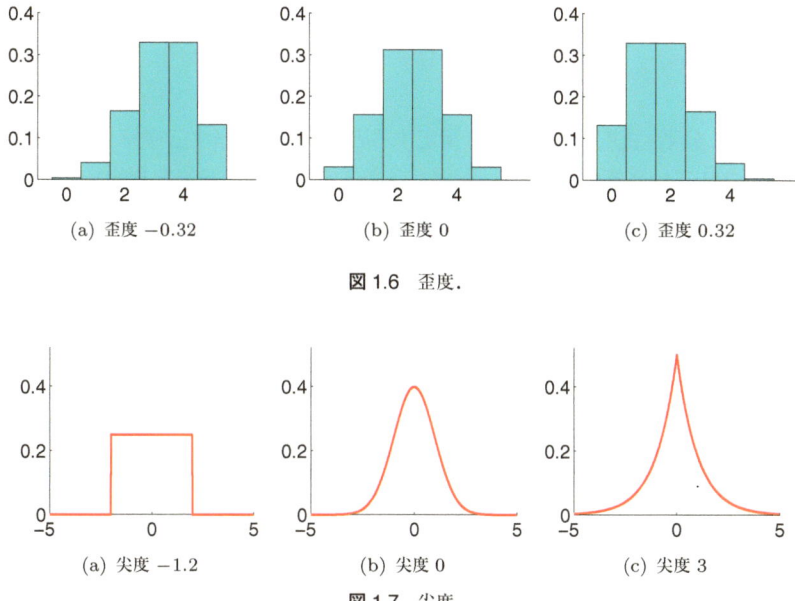

図 1.6 歪度．

図 1.7 尖度．

以上の議論から，

$$\nu_k = E\left[(x - E[x])^k\right] \tag{1.24}$$

が確率分布の形を議論するうえで重要な役割を果たしていることがわかります．これを x の期待値まわりの k 次の **積率**（**moment**）とよび，

$$\mu_k = E[x^k] \tag{1.25}$$

を x の原点まわりの k 次の積率とよびます．期待値，分散，歪度，尖度は，原点まわりの積率 μ_k を用いて，

$$期待値：\mu_1 \tag{1.26}$$

$$分散：\mu_2 - \mu_1^2 \tag{1.27}$$

$$歪度：\frac{\mu_3 - 3\mu_2\mu_1 + 2\mu_1^3}{(\mu_2 - \mu_1^2)^{\frac{3}{2}}} \tag{1.28}$$

$$\text{尖度：} \frac{\mu_4 - 4\mu_3\mu_1 + 6\mu_2\mu_1^2 - 3\mu_1^4}{(\mu_2 - \mu_1^2)^2} - 3 \tag{1.29}$$

と表せます．

期待値，分散，歪度，尖度の値を指定すると，それに該当する確率分布の候補は制限されていきます．その極限として，すべての次数の積率を指定すれば，確率分布は一意に定まります．**積率母関数**（moment-generating function）

$$M_x(t) = E[e^{tx}] = \begin{cases} \sum_x e^{tx} f(x) & \text{（離散型）} \\ \int e^{tx} f(x) \mathrm{d}x & \text{（連続型）} \end{cases} \tag{1.30}$$

を用いれば，すべての次数の積率を統一的に扱うことができます．実際，積率母関数の t に関する k 階導関数 $M_x^{(k)}(t)$ にゼロを代入することにより，k 次の積率が求められます．

$$M_x^{(k)}(0) = \mu_k \tag{1.31}$$

以下では，これを証明します．

e^{tx} を t に関して原点のまわりで**テイラー展開**（Taylor expansion）（図1.8）すると，e^{tx} の t に関する k 階微分は $x^k e^{tx}$ であることから，

$$e^{tx} = 1 + tx + \frac{(tx)^2}{2!} + \frac{(tx)^3}{3!} + \cdots$$

が得られます．この両辺の期待値をとれば，

$$E[e^{tx}] = M_x(t) = 1 + \mu_1 t + \frac{\mu_2}{2!} t^2 + \frac{\mu_3}{3!} t^3 + \cdots$$

が得られます．この両辺を t に関して微分すれば，

$$M_x'(t) = \mu_1 + \mu_2 t + \frac{\mu_3}{2!} t^2 + \frac{\mu_4}{3!} t^3 + \cdots$$
$$M_x''(t) = \mu_2 + \mu_3 t + \frac{\mu_4}{2!} t^2 + \frac{\mu_5}{3!} t^3 + \cdots$$
$$\vdots$$
$$M_x^{(k)}(t) = \mu_k + \mu_{k+1} t + \frac{\mu_{k+2}}{2!} t^2 + \frac{\mu_{k+3}}{3!} t^3 + \cdots$$

が得られ，これにゼロを代入すれば $M_x^{(k)}(0) = \mu_k$ が得られます．

関数 g の点 t での値 $g(t)$ は，g やその 0 での微分値を用いて

$$g(t) = g(0) + t\frac{g'(0)}{1!} + t^2\frac{g''(0)}{2!} + \cdots$$

と表せます．右辺の無限和を有限で打ち切れば，g やその 0 での微分値を用いた $g(t)$ の近似式が得られます．右辺の 1 項目だけを用いると，$g(t)$ を $g(0)$ で代用するという粗い近似になりますが，2 項目 $tg'(0)$ を加えると $g(t)$ に少し近づきます（下図）．さらに 3 項目以降を加えると値がどんどん $g(t)$ に近づいていき，最終的に $g(t)$ に収束します．

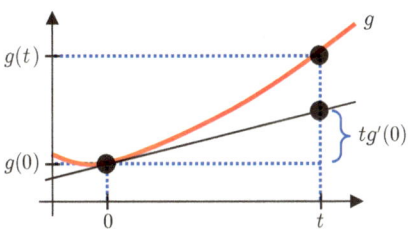

図 1.8 原点まわりのテイラー展開．

積率母関数は，確率分布によっては存在しない（無限大に発散する）ことがあります．一方，積率母関数と似た概念である**特性関数**（**characteristic function**）

$$\varphi_x(t) = M_{ix}(t) = M_x(it) \tag{1.32}$$

は，確率分布によらず常に存在します．ただし，i は $i^2 = -1$ を満たす**虚数単位**（**imaginary unit**）を表します．特性関数は，確率密度関数のフーリエ変換（**Fourier transform**）に対応します．

1.5 確率変数の変換

確率変数 x を

$$r = ax + b$$

と変換すれば，r の期待値と分散は

$$E[r] = aE[x] + b, \quad V[r] = a^2 V[x]$$

になります．この変換で $a = \dfrac{1}{D[x]}$, $b = -\dfrac{E[x]}{D[x]}$ とおけば，

$$z = \frac{x}{D[x]} - \frac{E[x]}{D[x]} = \frac{x - E[x]}{D[x]} \tag{1.33}$$

の期待値は 0，分散は 1 になります．この x から z への変換を，**標準化**（standardization）とよびます．

領域 $\mathcal{X}$ 上で定義される確率密度関数 $f(x)$ を持つ確率変数 x が，ある変換 ξ を通して

$$x = \xi(r)$$

と表せるとします．このとき，確率変数 r の確率密度関数 $g(r)$ は単に $f(\xi(r))$ とはなりません．なぜならば，一般に $f(\xi(r))$ は積分 $\int_{\mathcal{R}} f(\xi(r)) \mathrm{d}r$ が 1 にならないからです．例えば，x が身長をセンチメートル単位で表した量で，r はそれをメートル単位に変換した量であるとき，確率密度関数の積分を 1 にするためには，全体を 100 で割る必要があります．

より一般的には，memo 3.2 に示すように，$\frac{\mathrm{d}x}{\mathrm{d}r}$ で与えられるヤコビアンがゼロでないとき，その絶対値を用いて長さを補正します．

$$g(r) = f(\xi(r)) \left| \frac{\mathrm{d}x}{\mathrm{d}r} \right|$$

これによって，ヤコビアンがゼロでない任意の変数変換 $x = \xi(r)$ に対して，

$$\int_{\mathcal{R}} g(r) \mathrm{d}r = 1$$

が成り立ちます．

線形変換

$$r = ax + b, \quad a \neq 0$$

に対しては，$x = \dfrac{r-b}{a}$ より $\dfrac{\mathrm{d}x}{\mathrm{d}r} = \dfrac{1}{a}$ が得られ，

$$g(r) = \frac{1}{|a|} f\left(\frac{r-b}{a}\right)$$

と補正すればよいことがわかります．

Chapter 2

離散型確率分布の例

本章では,離散一様分布,二項分布,超幾何分布,ポアソン分布,負の二項分布,幾何分布など,さまざまな離散型確率分布の例を示します.

2.1 離散一様分布

離散一様分布(discrete uniform distribution)は N 個の事象 $\{1,\ldots,N\}$ が等確率で起こる状況に対応する確率分布であり,$U\{1,\ldots,N\}$ と表記します.離散一様分布 $U\{1,\ldots,N\}$ の確率質量関数は,

$$f(x) = \frac{1}{N}, \quad x = 1,\ldots,N \tag{2.1}$$

で与えられます.和の公式

$$\sum_{x=1}^{N} x = \frac{N(N+1)}{2}, \quad \sum_{x=1}^{N} x^2 = \frac{N(N+1)(2N+1)}{6} \tag{2.2}$$

を用いることにより,離散一様分布 $U\{1,\ldots,N\}$ の期待値と分散は

$$E[x] = \frac{N+1}{2}, \quad V[x] = \frac{N^2-1}{12} \tag{2.3}$$

で与えられることが確認できます.離散一様分布 $U\{1,\ldots,6\}$ の確率質量関数は図 1.2(a) に示した偏りのない 6 面体のさいころの出る目の分布と一致します.

$-\infty < a \leq b < \infty$ を満たす a,b に対する離散一様分布 $U\{a, a+1, \ldots, b\}$ の確率質量関数は

$$f(x) = \frac{1}{b-a+1}, \quad x = a, a+1, \ldots, b \tag{2.4}$$

で与えられ，その期待値と分散は

$$E[x] = \frac{a+b}{2}, \quad V[x] = \frac{(b-a+1)^2 - 1}{12} \tag{2.5}$$

で与えられます．

2.2 二項分布

成功する確率が p，失敗する確率が $q\,(=1-p)$ の実験を，同じ条件で独立に繰り返すことを**ベルヌーイ試行**（Bernoulli trial）とよびます．表が出る確率が p のコインを何度も投げる実験がベルヌーイ試行に対応します．**二項分布**（binomial distribution）とは，n 回のベルヌーイ試行を行ったときに試行が x 回成功する確率の分布であり，$\mathrm{Bi}(n,p)$ と表記します．

試行が x 回成功する確率は p^x であり，$n-x$ 回失敗する確率は q^{n-x} です．また，n 回の試行中の x 回の成功と $n-x$ 回の失敗の**組合せ**（combination）は $\frac{n!}{x!(n-x)!}$ 通りあります．そこで，

$$n! = n \times (n-1) \times \cdots \times 2 \times 1$$

は**階乗**（factorial）を表します．この組合せの数のことを**二項係数**（binomial coefficient）とよび，${}_n\mathrm{C}_x$ あるいは $\binom{n}{x}$ と表記します．

$$_n\mathrm{C}_x = \frac{n!}{x!(n-x)!} \tag{2.6}$$

これらをまとめると，二項分布の確率質量関数は

$$f(x) = p^x q^{n-x} {}_n\mathrm{C}_x, \quad x = 0, 1, \ldots, N \tag{2.7}$$

で与えられます．$n = 10$ に対する二項分布の確率質量関数を図 2.1 に示します．

二項定理（binomial theorem）

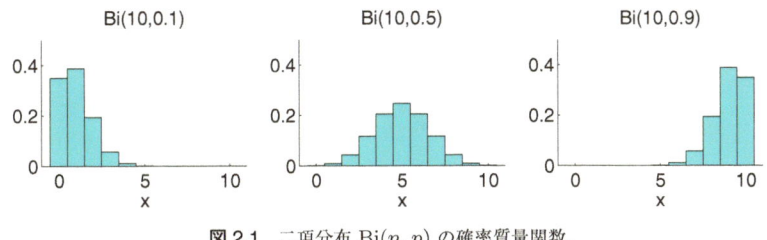

図 2.1 二項分布 $\text{Bi}(n,p)$ の確率質量関数.

$$(p+q)^n = \sum_{x=0}^{n} {}_n\text{C}_x p^x q^{n-x} \qquad (2.8)$$

を用いれば,二項分布 $\text{Bi}(n,p)$ の積率母関数が

$$M_x(t) = \sum_{x=0}^{n} e^{tx} {}_n\text{C}_x p^x q^{n-x} = \sum_{x=0}^{n} {}_n\text{C}_x (pe^t)^x q^{n-x} = (pe^t + q)^n \qquad (2.9)$$

で与えられることがわかります.これより,二項分布 $\text{Bi}(n,p)$ の期待値と分散はそれぞれ

$$E[x] = np, \quad V[x] = npq \qquad (2.10)$$

で与えられることが確認できます.成功確率が p の実験を n 回行ったときの平均成功回数が np であることは,直感と合います.また,分散 npq は $p=0.5$ のとき最大になり,$p=0$ または $p=1$ のとき最小になります.これは,実験の成否が五分五分のときに予想が一番難しいという感覚と合います.

$n=1$ の二項分布 $\text{Bi}(1,p)$ を特に,**ベルヌーイ分布**(Bernoulli distribution)とよびます.

2.3 超幾何分布

A が M 個,B が $N-M$ 個,合計 N 個の玉が入っている袋から無作為に玉を n 個取り出す状況を考えましょう(図 2.2).このとき,玉の取り出し方には 2 種類あります(図 2.3).1 つ目の方式は,玉を 1 つ取り出した後にそれを袋に戻してから次の玉を取り出す**復元抽出**(sampling with replacement)です.もう 1 つの方式は,玉を 1 つ取り出した後にそれを袋に戻さず

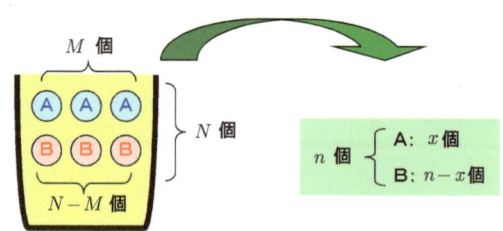

図2.2 袋からの標本抽出．AがM個，BがN−M個，合計N個の玉が入っている袋から無作為に玉をn個取り出したとき，Aがx個，Bがn−x個含まれているとします．

図2.3 復元抽出と非復元抽出．復元抽出は玉を1つ取り出した後にそれを戻してから次の玉を取り出し，非復元抽出は玉を1つ取り出した後にそれを戻さずに次の玉を取り出します．

に次の玉を取り出す**非復元抽出**（sampling without replacement）です．

復元抽出では袋の中に常にN個の玉が入っており，毎回同じ状況で玉を取り出します．したがって，復元抽出はベルヌーイ試行に対応し，玉をn個取り出したときに含まれる玉Aの数xが従う確率分布は二項分布$\mathrm{Bi}(n, M/N)$で与えられます．

一方，非復元抽出では袋に残っている玉の数がどんどん減っていきます．そのため，これまでにどの玉を選んできたかによって，袋に残っている玉の割合が変化します．非復元抽出で玉をn個取り出したときに含まれる玉Aの数xが従う確率分布を**超幾何分布**（hypergeometric distribution）とよび，$\mathrm{HG}(N, M, n)$と表記します．

袋に入っているM個の玉Aからx個取り出す組合せは${}_M\mathrm{C}_x$通りであり，袋に入っている$N-M$個の玉Bから$n-x$個取り出す組合せは${}_{N-M}\mathrm{C}_{n-x}$通りです．また，袋に入っているN個の玉からn個取り出す組合せは${}_N\mathrm{C}_n$通りです．これらをまとめると，超幾何分布$\mathrm{HG}(N, M, n)$の確率質量関数は，

$$f(x) = \frac{{}_M C_x \times {}_{N-M} C_{n-x}}{{}_N C_n}, \quad x = 0, 1, \ldots, n \tag{2.11}$$

で与えられます．x の定義域は $\{0, 1, \ldots, n\}$ ですが，実際に x がとれる値は，以下の範囲に限定されます．

$$\{\max\{0, n - (N - M)\}, \ldots, \min(n, M)\} \tag{2.12}$$

$N = 100$, $n = 10$ に対する超幾何分布の確率質量関数を図2.4に示します．まったく同じ設定で復元抽出すると玉Aの数 x は二項分布 $\text{Bi}(n, M/N)$ に従い，確率質量関数は図2.1に示した形状になります．図2.4と比べると，確率質量関数の見た目はほとんど変わりません．これより，総数 $N = 100$ 個の玉から $n = 10$ 個しか玉を取り出さないときは，取り出した玉を戻しても戻さなくてもほとんど影響がないことがわかります．実際，n を固定したもとで，N と M の比率を一定に保ちつつ N と M を無限大に増加させていくと，超幾何分布 $\text{HG}(N, M, n)$ は二項分布 $\text{Bi}(n, M/N)$ と一致します．

次に，総数 $N = 100$ 個の玉のうち玉Aが $M = 90$ 個という状況で，玉を大量に $n = 90$ 個取り出す場合を考えましょう．この状況で復元抽出を行うと，10個しかない玉Bを90回選び続ける可能性があります．一方，非復元抽出では10個しかない玉Bは高々10回しか選べないため，少なくとも80回は玉Aを選ぶ必要があります．そのためこの状況では，図2.5に示すように二項分布と超幾何分布の確率質量関数の見た目は大きく異なります．

超幾何分布 $\text{HG}(N, M, n)$ の期待値と分散は，それぞれ

$$E[x] = \frac{nM}{N}, \quad V[x] = \frac{nM(N-M)(N-n)}{N^2(N-1)} \tag{2.13}$$

で与えられます．以下ではこれを証明します．

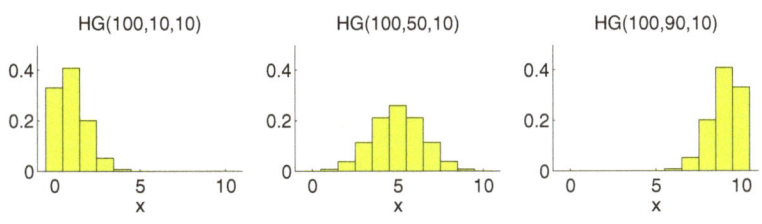

図 2.4 超幾何分布 $\text{HG}(N, M, n)$ の確率質量関数．

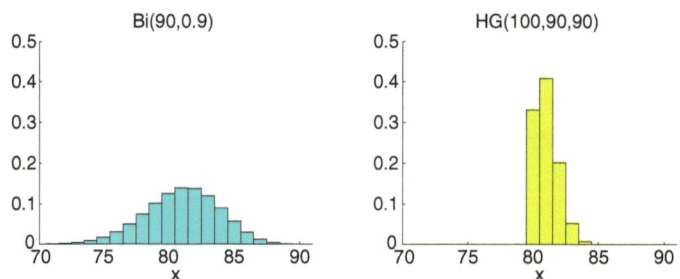

図 2.5 $N=100$, $M=90$, $n=90$ に対する二項分布 $\text{Bi}(n, M/N)$ と超幾何分布 $\text{HG}(N, M, n)$ の確率質量関数の比較.

期待値 $E[x]$ は,

$$
\begin{aligned}
E[x] &= \frac{1}{{}_N\mathrm{C}_n} \sum_{x=0}^{n} x \times {}_M\mathrm{C}_x \times {}_{N-M}\mathrm{C}_{n-x} \\
&= \frac{1}{{}_N\mathrm{C}_n} \sum_{x=1}^{n} x \times {}_M\mathrm{C}_x \times {}_{N-M}\mathrm{C}_{n-x} & \because x=0 \text{ の項はゼロ} \\
&= \frac{M}{{}_N\mathrm{C}_n} \sum_{x=1}^{n} {}_{M-1}\mathrm{C}_{x-1} \times {}_{N-M}\mathrm{C}_{n-x} & \because {}_M\mathrm{C}_x = \frac{M}{x} {}_{M-1}\mathrm{C}_{x-1} \\
&= \frac{M}{{}_N\mathrm{C}_n} \sum_{x=0}^{n-1} {}_{M-1}\mathrm{C}_{x} \times {}_{N-M}\mathrm{C}_{n-x-1} & \because x \leftarrow x-1 \text{ と置き換える} \\
&= \frac{nM}{N} \frac{1}{{}_{N-1}\mathrm{C}_{n-1}} \sum_{x=0}^{n-1} {}_{M-1}\mathrm{C}_{x} \times {}_{N-M}\mathrm{C}_{n-x-1} & \because {}_N\mathrm{C}_n = \frac{N}{n} {}_{N-1}\mathrm{C}_{n-1}
\end{aligned}
\tag{2.14}
$$

と表せます.ここで,確率質量関数の性質 $\sum_x f(x) = 1$ より,

$$
{}_N\mathrm{C}_n = \sum_{x=0}^{n} {}_M\mathrm{C}_x \times {}_{N-M}\mathrm{C}_{n-x} \tag{2.15}
$$

が成り立ち,式 (2.15) で $M \leftarrow M-1$, $N \leftarrow N-1$, $n \leftarrow n-1$ とおけば

$$
{}_{N-1}\mathrm{C}_{n-1} = \sum_{x=0}^{n-1} {}_{M-1}\mathrm{C}_{x} \times {}_{N-M}\mathrm{C}_{n-x-1} \tag{2.16}
$$

が得られます．これを式 (2.14) に代入すれば $E[x] = \frac{nM}{N}$ が得られます．

分散 $V[x]$ は，

$$V[x] = E[x(x-1)] + E[x] - (E[x])^2 \tag{2.17}$$

と表せます．ここで，式 (2.15) を用いて上記の期待値の証明と同様な計算をすれば

$$E[x(x-1)] = \frac{n(n-1)M(M-1)}{N(N-1)}$$

が得られ，これを式 (2.17) に代入すれば $V[x] = \frac{nM(N-M)(N-n)}{N^2(N-1)}$ が得られます．

超幾何分布 $\mathrm{HG}(N,M,n)$ の積率母関数は，

$$M_x(t) = E[e^{tx}] = \frac{{}_{N-M}\mathrm{C}_n}{{}_N\mathrm{C}_n} F(-n, -M, N-M-n+1, e^t) \tag{2.18}$$

で与えられます．ここで，

$$F(a,b,c,d) = \sum_{x=0}^{\infty} \frac{(a)_x (b)_x}{(c)_x} \frac{d^x}{x!}, \quad (a)_x = \begin{cases} a(a+1)\cdots(a+x-1) & (x>0) \\ 1 & (x=0) \end{cases}$$

は**超幾何級数**（hypergeometric series）です．超幾何分布という名前は，積率母関数が超幾何級数で表せることに由来しています．

2.4 ポアソン分布

二項分布でベルヌーイ試行の成功確率 p が非常に小さいとき，実験はほとんど成功しません．しかしいくら p が小さくても試行回数 n が非常に大きければ，実験はある程度の回数は成功するはずです．実際，二項分布 $\mathrm{Bi}(n,p)$ の期待値が np であることから，例えば成功確率が $p = 0.0000003$ のベルヌーイ試行を $n = 10000000$ 回繰り返せば，実験は平均的には 3 回成功します．

このことから，10000000 回の試行で実験が数回程度成功するかの確率は，それほど小さくないと考えられます．実際，二項分布 $\mathrm{Bi}(n,p)$ の確率質量関数が

$$f(x) = {}_n\mathrm{C}_x p^x (1-p)^{n-x}$$

で与えられることから，$x=5$ をとる確率は

$$_{10000000}\mathrm{C}_5 (0.0000003)^5 (0.9999997)^{9999995}$$

で与えられます．しかし，$(0.9999997)^{9999995}$ を求めるためには 0.9999997 を 9999995 回かけあわせる必要があるため，計算時間がかかります．一見，$0.9999997 \approx 1$ を用いて $(0.9999997)^{9999995} \approx 1^{9999995} = 1$ と近似すればよさそうですが，きちんと値を計算すると $(0.9999997)^{9999995} \approx 0.0498 \ll 1$ となり，近似の精度が非常に悪いことがわかります．

そこで用いられるのが，**ポアソンの少数の法則**（**Poisson's law of small numbers**）です．この法則によれば，$p = \lambda/n$ に対して n を無限に大きくすると

$$\lim_{n\to\infty} {}_n\mathrm{C}_x p^x (1-p)^{n-x} = \frac{e^{-\lambda} \lambda^x}{x!} \tag{2.19}$$

が成り立ちます．以下ではこれを証明しましょう．まず，式 (2.19) の左辺は

$$\lim_{n\to\infty} {}_n\mathrm{C}_x \left(\frac{\lambda}{n}\right)^x \left(1 - \frac{\lambda}{n}\right)^{n-x} = \lim_{n\to\infty} \frac{n!}{x!(n-x)!} \left(\frac{\lambda}{n}\right)^x \left(1 - \frac{\lambda}{n}\right)^{n-x}$$

$$= \frac{\lambda^x}{x!} \lim_{n\to\infty} \frac{n!}{(n-x)! n^x} \left(1 - \frac{\lambda}{n}\right)^n \left(1 - \frac{\lambda}{n}\right)^{-x} \tag{2.20}$$

と表せます．ここで，

$$\lim_{n\to\infty} \frac{n!}{(n-x)! n^x} = \lim_{n\to\infty} \frac{n}{n} \times \frac{n-1}{n} \times \cdots \times \frac{n-x+1}{n}$$

$$= \lim_{n\to\infty} 1 \times \frac{1 - \frac{1}{n}}{1} \times \cdots \times \frac{1 - \frac{x}{n} + \frac{1}{n}}{1} = 1$$

が成り立ちます．また，**オイラー数**（**Euler number**）e の定義

$$e = \lim_{t\to 0} (1+t)^{\frac{1}{t}} \tag{2.21}$$

で $t = -\frac{\lambda}{n}$ とおくと，$\lim_{n\to\infty} \left(1 - \frac{\lambda}{n}\right)^n = e^{-\lambda}$ が得られます．さらに $\lim_{n\to\infty} \left(1 - \frac{\lambda}{n}\right)^{-x} = 1$ であることを用いると，式 (2.20) よりポアソンの少数の法則が成り立つことが確認できます．

2.4 ポアソン分布

このポアソンの少数の法則による近似式を確率質量関数としたものを，**ポアソン分布**（**Poisson distribution**）とよびます．

$$f(x) = \frac{e^{-\lambda}\lambda^x}{x!} \tag{2.22}$$

これは二項分布で $p = \lambda/n$ とおいたものに対応していることから，$1/n$ を時間とみなしたときに，単位時間中に平均 λ 回起こる事象が単位時間中に x 回起こる確率を表していると解釈できます．平均発生回数 λ のポアソン分布を，Po(λ) と表記します．式 (2.22) は明らかに非負であり，指数関数 e^λ の原点まわりでのテーラー展開

$$e^\lambda = 1 + \frac{\lambda^1}{1!} + \frac{\lambda^2}{2!} + \cdots = \sum_{x=0}^{\infty} \frac{\lambda^x}{x!} \tag{2.23}$$

より

$$\sum_{x=0}^{\infty} f(x) = \sum_{x=0}^{\infty} \frac{e^{-\lambda}\lambda^x}{x!} = e^{-\lambda} \sum_{x=0}^{\infty} \frac{\lambda^x}{x!} = e^{-\lambda} e^\lambda = 1$$

が成り立つことから，式 (2.22) が確率質量関数であることを確認できます．

ポアソン分布 Po(λ) の積率母関数は，

$$M_x(t) = E[e^{tx}] = \sum_{x=0}^{\infty} \frac{e^{tx} e^{-\lambda} \lambda^x}{x!} = \exp\left(\lambda(e^t - 1)\right) \tag{2.24}$$

で与えられます．ただし，この計算には式 (2.23) を用いました．これより，ポアソン分布 Po(λ) の期待値と分散は

$$E[x] = \lambda, \quad V[x] = \lambda \tag{2.25}$$

で与えられることが確認できます．このように，ポアソン分布は期待値と分散が等しいという性質を持っています．

一方，ポアソンの少数の法則を使う前の二項分布の期待値と分散は，

$$E[x] = np, \quad V[x] = np(1-p)$$

で与えられることを 2.2 節で示しました．$p = \lambda/n$ とおけば，

$$\lim_{n \to \infty} np = \lambda, \quad \lim_{n \to \infty} np(1-p) = \lambda$$

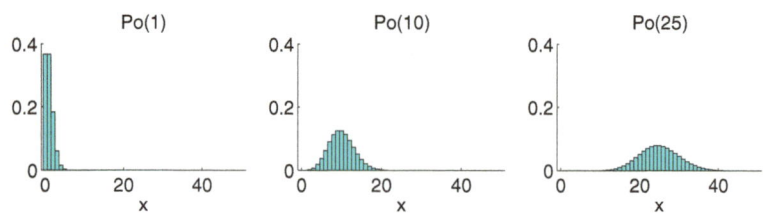

図 2.6　ポアソン分布 Po(λ) の確率質量関数.

が成り立つことから，ポアソンの少数の法則による近似を用いても期待値と分散は本質的には変わらないことがわかります．

ポアソン分布 Po(λ) の確率質量関数を図 2.6 に示します．λ の増加にともなって，期待値と分散も増加していくことが確認できます．

2.5　負の二項分布

成功確率が p のベルヌーイ試行で，k 回目の成功を得るまでの失敗の回数 x が従う確率分布を**負の二項分布**（negative binomial distribution）とよび，NB(k, p) と表記します．

$(k+x)$ 回目の試行で k 回目の成功を得ることから，$(k+x)$ 回目の試行は必ず成功で，それまでの $(k+x-1)$ 回の試行中の x 回の失敗の組合せは $_{k+x-1}\mathrm{C}_x$ 通りです．これらをまとめると，負の二項分布 NB(k, p) の確率質量関数は

$$f(x) = {}_{k+x-1}\mathrm{C}_x p^k (1-p)^x \tag{2.26}$$

で与えられます．$p = 0.4$ に対する負の二項分布 NB(k, p) の確率質量関数を，図 2.7 に示します．

二項係数 $_r\mathrm{C}_x$ は，r が負の値 $r = -k < 0$ をとる場合にも拡張できます．

$$_{-k}\mathrm{C}_x = \frac{(-k-x+1)(-k-x+2)\cdots(-k-1)(-k)}{x(x-1)\cdots 2 \cdot 1} \tag{2.27}$$

この**負の二項係数**（negative binomial coefficient）を用いれば，式 (2.26) の確率質量関数は

2.5 負の二項分布

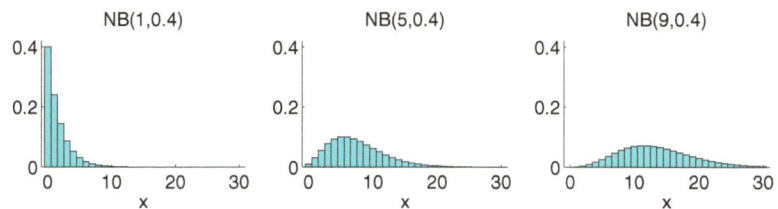

図 2.7 負の二項分布 NB(k,p) の確率質量関数.

$$f(x) = \frac{(k+x-1)(k+x-2)\cdots(k+1)k}{x(x-1)\cdots 2\cdot 1}p^k(1-p)^x$$
$$= (-1)^x{}_{-k}\mathrm{C}_x p^k(1-p)^x \tag{2.28}$$

と表せます. 負の二項分布という名前は, この表現に由来しています.

2.2 節で紹介した**二項定理**(binomial theorem)も, 負の二項係数に対して

$$\sum_{x=0}^{\infty} {}_{-k}\mathrm{C}_x t^x = (1+t)^{-k} \tag{2.29}$$

と一般化できます. ここで $t = p-1$ とおけば, 式 (2.28) の確率質量関数が $\sum_{x=0}^{\infty} f(x) = 1$ を満たすことが確認できます.

式 (2.29) の一般化した二項定理を用いれば, 負の二項分布 NB(k,p) の積率母関数が

$$M_x(t) = E[e^{tx}] = \sum_{x=0}^{\infty} e^{tx} {}_{-k}\mathrm{C}_x p^k (p-1)^x$$
$$= p^k \sum_{x=0}^{\infty} {}_{-k}\mathrm{C}_x \{(p-1)e^t\}^x = \left(\frac{p}{1-(1-p)e^t}\right)^k \tag{2.30}$$

で与えられることがわかります. これより, 負の二項分布 NB(k,p) の期待値と分散は

$$E[x] = \frac{k(1-p)}{p}, \quad V[x] = \frac{k(1-p)}{p^2} \tag{2.31}$$

で与えられることが確認できます.

負の二項分布は, **パスカル分布**(Pascal distribution)ともよびます.

2.6 幾何分布

成功確率が p のベルヌーイ試行で，初めて成功するまでの失敗回数 x が従う確率分布を**幾何分布**（**geometric distribution**）とよび，$\mathrm{Ge}(p)$ と表記します．

初めて成功するまでに x 回失敗するということは，x 回失敗した後に 1 回成功することと等価です．これより，幾何分布 $\mathrm{Ge}(p)$ の確率質量関数は

$$f(x) = p(1-p)^x \tag{2.32}$$

で与えられます．これは，k 回目の成功を得るまでの失敗の回数 x が従う負の二項分布の式 (2.8) で，$k=1$ とおいたものに対応します．幾何分布 $\mathrm{Ge}(p)$ の確率質量関数を図 2.8 に示します．この図より，確率が x の増加とともに指数関数的に減少していくことがわかります．

幾何分布 $\mathrm{Ge}(p)$ は負の二項分布で $k=1$ とおいたものに対応することから，積率母関数は

$$M_x(t) = \frac{p}{1-(1-p)e^t} \tag{2.33}$$

で与えられ，期待値と分散は

$$E[x] = \frac{1-p}{p}, \quad V[x] = \frac{1-p}{p^2} \tag{2.34}$$

で与えられます．

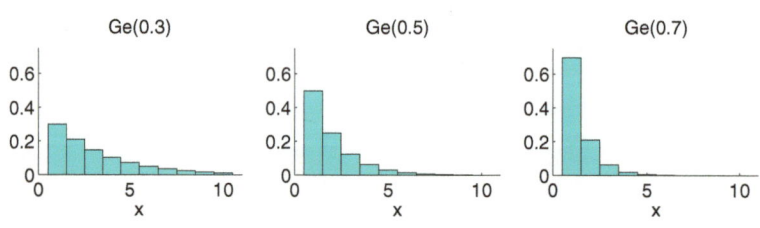

図 2.8 幾何分布 $\mathrm{Ge}(p)$ の確率質量関数．

Chapter 3

連続型確率分布の例

本章では，連続一様分布，正規分布，ガンマ分布，指数分布，カイ二乗分布，ベータ分布，コーシー分布，ラプラス分布，t 分布，F 分布など，さまざまな連続型確率分布の例を示します．

3.1 連続一様分布

連続一様分布（continuous uniform distribution）は，有限の区間 $[a,b]$ 上で一様な確率密度関数を持つ確率分布です．

$$f(x) = \begin{cases} \frac{1}{b-a} & (a \leq x \leq b) \\ 0 & (\text{それ以外}) \end{cases} \tag{3.1}$$

区間 $[a,b]$ 上の連続一様分布を $U(a,b)$ で表します．連続一様分布 $U(a,b)$ の期待値と分散は，それぞれ

$$E[x] = \frac{a+b}{2}, \quad V[x] = \frac{(b-a)^2}{12} \tag{3.2}$$

で与えられます．

3.2 正規分布

正規分布（normal distribution）は連続型確率分布の中で最も重要な確率分布であり，$N(\mu, \sigma^2)$ と表記します．ここで，μ と σ は，$-\infty < \mu < \infty$

および $\sigma > 0$ を満たす定数です．正規分布は，**ガウス分布**（**Gaussian distribution**）ともよばれます．

正規分布 $N(\mu, \sigma^2)$ の確率密度関数は，

$$f(x) = \frac{1}{\sigma\sqrt{2\pi}} \exp\left(-\frac{(x-\mu)^2}{2\sigma^2}\right) \tag{3.3}$$

で与えられます．この確率密度関数が $\int_{-\infty}^{\infty} f(x)\mathrm{d}x = 1$ を満たすことは，memo 3.1 に示した**ガウス積分**（**Gaussian integral**）の公式を用いれば，

$$\int_{-\infty}^{\infty} f(x)\mathrm{d}x = \frac{1}{\sigma\sqrt{2\pi}} \int_{-\infty}^{\infty} \exp\left(-\frac{(x-\mu)^2}{2\sigma^2}\right) \mathrm{d}x$$
$$= \frac{\sigma\sqrt{2}}{\sigma\sqrt{2\pi}} \int_{-\infty}^{\infty} \exp\left(-r^2\right) \mathrm{d}r = 1$$

と証明できます．ただし，上記の計算では，memo 3.2 に示した積分の変数変換の公式を用いて，積分変数を x から $r = \frac{x-\mu}{\sigma\sqrt{2}}$（つまり $\frac{\mathrm{d}x}{\mathrm{d}r} = \sigma\sqrt{2}$）に変換しました．

正規分布 $N(\mu, \sigma^2)$ に含まれる定数 μ と σ^2 は，期待値と分散に対応します．

$$E[x] = \mu, \quad V[x] = \sigma^2 \tag{3.4}$$

このことは，正規分布 $N(\mu, \sigma^2)$ の積率母関数が

$$M_x(t) = \int_{-\infty}^{\infty} e^{tx} f(x)\mathrm{d}x = \frac{1}{\sigma\sqrt{2\pi}} \int_{-\infty}^{\infty} \exp\left(-\frac{(x-\mu)^2}{2\sigma^2} + tx\right) \mathrm{d}x$$
$$= \frac{1}{\sigma\sqrt{2\pi}} \int_{-\infty}^{\infty} \exp\left(-\frac{x^2 - 2(\mu + \sigma^2 t)x + \mu^2}{2\sigma^2}\right) \mathrm{d}x$$
$$= \frac{1}{\sigma\sqrt{2\pi}} \int_{-\infty}^{\infty} \exp\left(-\frac{\left(x - (\mu + \sigma^2 t)\right)^2}{2\sigma^2} + \mu t + \frac{\sigma^2 t^2}{2}\right) \mathrm{d}x$$
$$= \exp\left(\mu t + \frac{\sigma^2 t^2}{2}\right) \int_{-\infty}^{\infty} \frac{1}{\sigma\sqrt{2\pi}} \exp\left(-\frac{\left(x - (\mu + \sigma^2 t)\right)^2}{2\sigma^2}\right) \mathrm{d}x$$
$$= \exp\left(\mu t + \frac{\sigma^2 t^2}{2}\right) \tag{3.5}$$

で与えられることにより確認できます．この計算では，**平方完成**（**completing the square**）

ガウス積分は，オイラー数 $e = 2.71828\cdots$ と円周率 $\pi = 3.14159\cdots$ という 2 つの**無理数**（**irrational number**）をつなぐ公式です．

$$\int_{-\infty}^{\infty} e^{-x^2} \mathrm{d}x = \sqrt{\pi}$$

これを証明するために，memo 3.2 に示した積分の変数変換の公式で，

$$f(x, y) = e^{-(x^2+y^2)}, \quad \mathcal{X} = \mathcal{Y} = [-\infty, \infty]$$

とおき，

$$g(r, \theta) = r\cos\theta, \quad h(r, \theta) = r\sin\theta$$

という変換を考えます．そうすると，

$$\mathcal{R} = [0, \infty], \quad \Theta = [0, 2\pi], \quad \boldsymbol{J} = \begin{pmatrix} \cos\theta & -r\sin\theta \\ \sin\theta & r\cos\theta \end{pmatrix}, \quad \det(\boldsymbol{J}) = r$$

となり，

$$\int_{-\infty}^{\infty}\int_{-\infty}^{\infty} e^{-(x^2+y^2)} \mathrm{d}x\mathrm{d}y = \int_0^{2\pi}\int_0^{\infty} re^{-r^2} \mathrm{d}r\mathrm{d}\theta = \int_0^{2\pi} \mathrm{d}\theta \int_0^{\infty} re^{-r^2} \mathrm{d}r$$
$$= \int_0^{2\pi} \mathrm{d}\theta \int_0^{\infty} re^{-r^2} \mathrm{d}r = 2\pi \left[-\frac{1}{2}e^{-r^2}\right]_0^{\infty} = \pi$$

が得られます．これより，

$$\int_{-\infty}^{\infty} e^{-x^2} \mathrm{d}x = \sqrt{\left(\int_{-\infty}^{\infty} e^{-x^2} \mathrm{d}x\right)^2}$$
$$= \sqrt{\left(\int_{-\infty}^{\infty} e^{-x^2} \mathrm{d}x\right)\left(\int_{-\infty}^{\infty} e^{-y^2} \mathrm{d}y\right)}$$
$$= \sqrt{\int_{-\infty}^{\infty}\int_{-\infty}^{\infty} e^{-(x^2+y^2)} \mathrm{d}x\mathrm{d}y} = \sqrt{\pi}$$

が得られます．

memo 3.1 ガウス積分．

$$x^2 + 2ax + b = 0 \iff (x+a)^2 - a^2 + b = 0 \tag{3.6}$$

により正規分布 $N(\mu + \sigma^2 t, \sigma^2)$ を作り出し，その確率密度関数の積分が 1 であることを用いました．

$\mu = 0$ に対する正規分布 $N(\mu, \sigma^2)$ の確率密度関数を図 3.1 に示します．

> 関数 $f(x)$ の定義域 $\mathcal{X}$ 上での積分は,
>
> $$x = g(r), \quad \mathcal{X} = g(\mathcal{R})$$
>
> を満たす関数 $g(r)$ と領域 $\mathcal{R}$ を用いて,
>
> $$\int_{\mathcal{X}} f(x)\mathrm{d}x = \int_{\mathcal{R}} f(g(r)) \left|\frac{\mathrm{d}x}{\mathrm{d}r}\right| \mathrm{d}r$$
>
> と表せます.これにより,積分変数を x から r に変換できます.右辺の $\left|\frac{\mathrm{d}x}{\mathrm{d}r}\right|$ は,積分変数を x から r に変換したときの長さの比率に対応します.次に,これを 2 次元に拡張しましょう.関数 $f(x, y)$ の定義域 $\mathcal{X} \times \mathcal{Y}$ 上での積分は,
>
> $$x = g(r, \theta), \quad y = h(r, \theta) \quad \text{および} \quad \mathcal{X} = g(\mathcal{R}, \Theta), \quad \mathcal{Y} = h(\mathcal{R}, \Theta)$$
>
> を満たす関数 $g(r, \theta)$ と $h(r, \theta)$ および領域 $\mathcal{R}$ と Θ を用いて,
>
> $$\int_{\mathcal{X}} \int_{\mathcal{Y}} f(x, y)\mathrm{d}y\mathrm{d}x = \int_{\mathcal{R}} \int_{\Theta} f(g(r, \theta), h(r, \theta)) |\det(\boldsymbol{J})| \mathrm{d}\theta\mathrm{d}r$$
>
> と表せます.ここで,
>
> $$\boldsymbol{J} = \begin{pmatrix} \dfrac{\partial x}{\partial r} & \dfrac{\partial x}{\partial \theta} \\ \dfrac{\partial y}{\partial r} & \dfrac{\partial y}{\partial \theta} \end{pmatrix}$$
>
> はヤコビ行列(**Jacobian matrix**)です.また,$\det(\boldsymbol{J})$ は $\boldsymbol{J}$ の行列式(**determinant**)を表し,(単に) ヤコビアン(**Jacobian**)とよびます.
>
> $$\det(\boldsymbol{J}) = \frac{\partial x}{\partial r}\frac{\partial y}{\partial \theta} - \frac{\partial x}{\partial \theta}\frac{\partial y}{\partial r}$$
>
> 行列式は行列の固有値の積に対応しており,積分変数を (x, y) から (r, θ) に変換したときの面積の比率に対応します.この変数変換の公式は,3 次元以上にも拡張できます.

memo 3.2 積分の変数変換.

この図からわかるように,正規分布の確率密度関数は期待値を中心とする左右対称なつりがね状の形状をしています.

確率変数 x が正規分布 $N(\mu, \sigma^2)$ に従うとき,線形変換した確率変数 $r = ax + b$ は正規分布 $N(a\mu + b, a^2\sigma^2)$ に従います.この性質は,1.5 節に示したように,確率変数 r の確率密度関数 $g(r)$ が

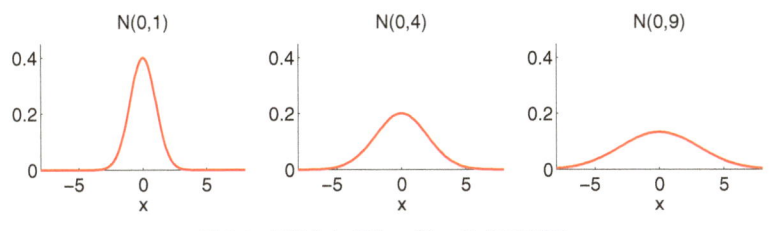

図 3.1 正規分布 $N(\mu, \sigma^2)$ の確率密度関数.

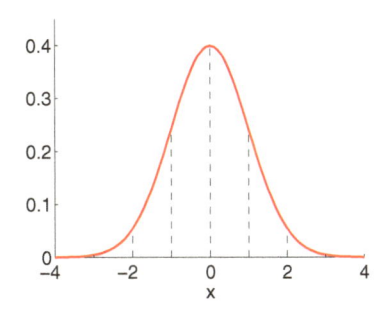

図 3.2 標準正規分布 $N(0, 1)$. 標準正規分布に従う確率変数は，$[-1, 1]$ の範囲に約 68.27%，$[-2, 2]$ の範囲に約 95.45%，$[-3, 3]$ の範囲に約 99.73% の確率で含まれます．

$$g(r) = \frac{1}{|a|} f\left(\frac{r-b}{a}\right) \tag{3.7}$$

で与えられることから確認できます．ここで，$a = 1/D[x]$，$b = -E[x]/D[x]$ とおけば，

$$z = \frac{x}{D[x]} - \frac{E[x]}{D[x]} = \frac{x - E[x]}{D[x]} \tag{3.8}$$

は正規分布 $N(0, 1)$ に従います．$N(0, 1)$ を **標準正規分布**（standard normal distribution）とよびます（図 3.2）．

3.3 ガンマ分布，指数分布，カイ二乗分布

2.4 節で紹介したポアソン分布は，単位時間中に平均 λ 回起こる事象が単位時間中に x 回起こる確率を表していました．**ガンマ分布**（gamma distribution）は，単位時間中に平均 λ 回起こる事象が α 回起こるまでの時間 x が従う確率分布です．正の定数 α, λ に対するガンマ分布を，$\mathrm{Ga}(\alpha, \lambda)$ と表記します．

ガンマ分布 $\mathrm{Ga}(\alpha, \lambda)$ の確率密度関数は，

$$f(x) = \frac{\lambda^\alpha}{\Gamma(\alpha)} x^{\alpha-1} e^{-\lambda x}, \quad x \geq 0 \tag{3.9}$$

で与えられます．ここで $\Gamma(\alpha)$ は，

$$\Gamma(\alpha) = \int_0^\infty x^{\alpha-1} e^{-x} \mathrm{d}x \tag{3.10}$$

で定義される**ガンマ関数**（gamma function）です．$\int_0^\infty f(x)\mathrm{d}x = 1$ が成り立つことは，$y = \lambda x$ と変数変換（memo 3.2）することにより確認できます．

$$\begin{aligned}
\int_{-\infty}^\infty f(x)\mathrm{d}x &= \frac{\lambda^\alpha}{\Gamma(\alpha)} \int_0^\infty x^{\alpha-1} e^{-\lambda x} \mathrm{d}x \\
&= \frac{\lambda^\alpha}{\Gamma(\alpha)} \int_0^\infty \left(\frac{y}{\lambda}\right)^{\alpha-1} e^{-y} \frac{1}{\lambda} \mathrm{d}y \\
&= \frac{1}{\Gamma(\alpha)} \int_0^\infty y^{\alpha-1} e^{-y} \mathrm{d}y = 1
\end{aligned}$$

ガンマ関数は，

$$\Gamma(1) = \int_0^\infty e^{-x} \mathrm{d}x = \left[-e^{-x}\right]_0^\infty = 1 \tag{3.11}$$

を満たします．また，関数 $u(x)$ と $v(x)$ の微分 $u'(x)$ と $v'(x)$ を用いた**部分積分**（integration by parts）の公式

$$\int_a^b u(x) v'(x) \mathrm{d}x = \left[u(x) v(x)\right]_a^b - \int_a^b u'(x) v(x) \mathrm{d}x \tag{3.12}$$

より，

$$\begin{aligned}
\Gamma(\alpha) &= \int_0^\infty e^{-x} x^{\alpha-1} \mathrm{d}x = \left[e^{-x} \frac{x^\alpha}{\alpha}\right]_0^\infty - \int_0^\infty (-e^{-x}) \frac{x^\alpha}{\alpha} \mathrm{d}x \\
&= \frac{1}{\alpha} \int_0^\infty e^{-x} x^{(\alpha+1)-1} \mathrm{d}x = \frac{\Gamma(\alpha+1)}{\alpha}
\end{aligned}$$

が成り立ちます．これらより，ガンマ関数は非負の整数 α に対して

$$\Gamma(\alpha+1) = \alpha\Gamma(\alpha) = \alpha(\alpha-1)\Gamma(\alpha-1) = \cdots = \alpha!\Gamma(1)$$
$$= \alpha! \tag{3.13}$$

を満たすことがわかります．したがって，ガンマ関数は階乗の実数への一般化とみなせます（図3.3）．また，$x = y^2$ と変数変換すれば

$$\Gamma(\alpha) = \int_0^\infty y^{2(\alpha-1)} e^{-y^2} \frac{dx}{dy} dy = 2\int_0^\infty y^{2\alpha-1} e^{-y^2} dy \tag{3.14}$$

が得られ，これにガウス積分の公式（memo 3.1）を適用すれば

$$\Gamma\left(\frac{1}{2}\right) = 2\int_0^\infty e^{-y^2} dy = \int_{-\infty}^\infty e^{-y^2} dy = \sqrt{\pi} \tag{3.15}$$

が得られます．

ガンマ分布 $Ga(\alpha, \lambda)$ の確率密度関数を図3.4に示します．この図より，ガンマ分布の確率密度関数は $\alpha \leq 1$ のとき x の増加に対して単調減少し，$\alpha > 1$ のとき一度増加してから減少することがわかります．

$y = (\lambda - t)x$ と変数変換することにより，ガンマ分布 $Ga(\alpha, \lambda)$ の積率母関数が

$$M_x(t) = E[e^{tx}] = \frac{\lambda^\alpha}{\Gamma(\alpha)} \int_0^\infty x^{\alpha-1} e^{-(\lambda-t)x} dx$$

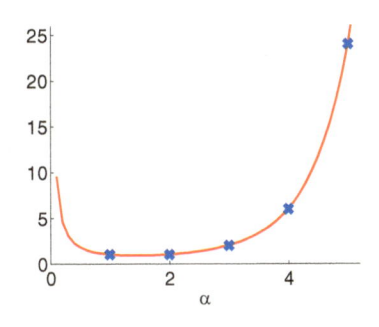

図3.3 ガンマ関数．非負の整数 α に対して $\Gamma(\alpha+1) = \alpha!$ が成り立ち，これらの点を滑らかにつないだ関数になっています．

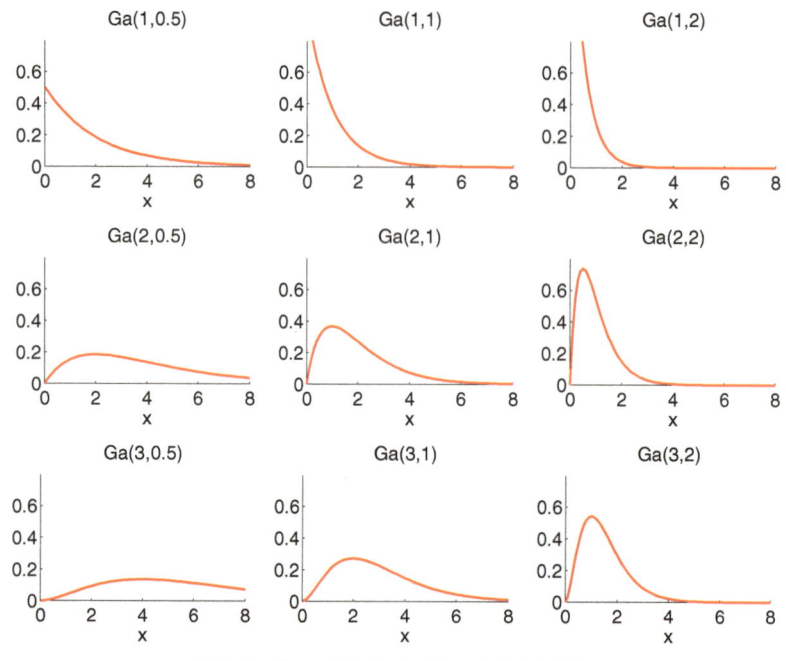

図3.4 ガンマ分布 $\mathrm{Ga}(\alpha, \lambda)$ の確率密度関数.

$$= \frac{\lambda^\alpha}{\Gamma(\alpha)} \int_0^\infty \left(\frac{y}{\lambda-t}\right)^{\alpha-1} e^{-y} \frac{1}{\lambda-t} dy = \frac{\lambda^\alpha}{\Gamma(\alpha)} \frac{\Gamma(\alpha)}{(\lambda-t)^\alpha}$$
$$= \left(\frac{\lambda}{\lambda-t}\right)^\alpha \tag{3.16}$$

で与えられることがわかります．これより，ガンマ分布 $\mathrm{Ga}(\alpha, \lambda)$ の期待値と分散は

$$E[x] = \frac{\alpha}{\lambda}, \quad V[x] = \frac{\alpha}{\lambda^2} \tag{3.17}$$

で与えられることが確認できます．

$\alpha=1$ のガンマ分布 $\mathrm{Ga}(\alpha, \lambda)$ を**指数分布**（**exponential distribution**）とよび，$\mathrm{Exp}(\lambda)$ と表記します．これは，単位時間に平均 λ 回起こる事象が初めて起こるまでの時間 x が従う確率分布であり，指数分布 $\mathrm{Exp}(\lambda)$ の確率密度関数は指数関数

で与えられます．

$$f(x) = \lambda e^{-\lambda x} \tag{3.18}$$

整数 n に対して $\alpha = n/2, \lambda = 1/2$ とおいたガンマ分布 $\mathrm{Ga}(\alpha, \lambda)$ を自由度 n の**カイ二乗分布**（**chi-square distribution**）とよび，$\chi^2(n)$ と表記します．これは，標準正規分布 $N(0,1)$ に独立に従う n 個の確率変数 $z_1, \ldots, z_n$ の二乗和

$$x = \sum_{i=1}^{n} z_i^2 \tag{3.19}$$

が従う確率分布であり，カイ二乗分布 $\chi^2(n)$ の確率密度関数は

$$f(x) = \frac{x^{\frac{n}{2}-1} e^{-\frac{x}{2}}}{2^{\frac{n}{2}} \Gamma(\frac{n}{2})} \tag{3.20}$$

で与えられます．カイ二乗分布は，第 10 章で説明する仮説検定で重要な働きをします．

3.4 ベータ分布

ベータ分布（**beta distribution**）は，正の実数 α と β に対して

$$f(x) = \frac{x^{\alpha-1}(1-x)^{\beta-1}}{B(\alpha, \beta)}, \quad 0 \leq x \leq 1 \tag{3.21}$$

を確率密度関数とする確率分布であり，$\mathrm{Be}(\alpha, \beta)$ と表記します．$B(\alpha, \beta)$ は，

$$B(\alpha, \beta) = \int_0^1 x^{\alpha-1}(1-x)^{\beta-1} \mathrm{d}x \tag{3.22}$$

で定義される**ベータ関数**（**beta function**）です．α と β が正の整数のとき，独立に連続一様分布 $U(0,1)$ に従う $\alpha + \beta - 1$ 個の確率変数の値が小さいほうから α 番目（値が大きいほうから β 番目）の確率変数 x は，ベータ分布に従います．

$x = (\sin\theta)^2$ と変数変換すれば，ベータ関数は三角関数を用いて

$$B(\alpha, \beta) = \int_0^{\frac{\pi}{2}} (\sin\theta)^{2(\alpha-1)} \left(1 - (\sin\theta)^2\right)^{\beta-1} \frac{\mathrm{d}x}{\mathrm{d}\theta} \mathrm{d}\theta$$

$$= \int_0^{\frac{\pi}{2}} (\sin\theta)^{2(\alpha-1)} (\cos\theta)^{2(\beta-1)} \cdot 2\sin\theta\cos\theta \mathrm{d}\theta$$
$$= 2\int_0^{\frac{\pi}{2}} (\sin\theta)^{2\alpha-1} (\cos\theta)^{2\beta-1} \mathrm{d}\theta \tag{3.23}$$

と表せます．また，式 (3.14) よりガンマ関数の積 $\Gamma(\alpha)\Gamma(\beta)$ は

$$\Gamma(\alpha)\Gamma(\beta) = \left(2\int_0^\infty u^{2\alpha-1} e^{-u^2} \mathrm{d}u\right) \left(2\int_0^\infty v^{2\beta-1} e^{-v^2} \mathrm{d}v\right)$$
$$= 4\int_0^\infty \int_0^\infty u^{2\alpha-1} v^{2\beta-1} e^{-(u^2+v^2)} \mathrm{d}u\mathrm{d}v$$

と表せます．ここで，積分変数を極座標 $u = r\sin\theta$, $v = r\cos\theta$ に変換（memo 3.2）すれば，式 (3.23) より

$$\Gamma(\alpha)\Gamma(\beta) = 4\int_0^{\frac{\pi}{2}} \int_0^\infty r^{2(\alpha+\beta)-2} e^{-r^2} (\sin\theta)^{2\alpha-1} (\cos\theta)^{2\beta-1} r \mathrm{d}r\mathrm{d}\theta$$
$$= \left(2\int_0^\infty r^{2(\alpha+\beta)-1} e^{-r^2} \mathrm{d}r\right) \left(2\int_0^{\frac{\pi}{2}} (\sin\theta)^{2\alpha-1} (\cos\theta)^{2\beta-1} \mathrm{d}\theta\right)$$
$$= \Gamma(\alpha+\beta) B(\alpha,\beta)$$

が得られます．これより，ベータ関数 $B(\alpha,\beta)$ はガンマ関数を用いて

$$B(\alpha,\beta) = \frac{\Gamma(\alpha)\Gamma(\beta)}{\Gamma(\alpha+\beta)} \tag{3.24}$$

と表せることがわかります．これにより，例えば整数 n に対する積分

$$\int_0^{\frac{\pi}{2}} (\sin\theta)^{2n} \mathrm{d}\theta = \int_0^{\frac{\pi}{2}} (\sin\theta)^{2(n+\frac{1}{2})-1} (\cos\theta)^{2\frac{1}{2}-1} \mathrm{d}\theta = B\left(n+\frac{1}{2}, \frac{1}{2}\right)$$
$$\int_0^{\frac{\pi}{2}} (\sin\theta)^{2n+1} \mathrm{d}\theta = \int_0^{\frac{\pi}{2}} (\sin\theta)^{2(n+1)-1} (\cos\theta)^{2\frac{1}{2}-1} \mathrm{d}\theta = B\left(n+1, \frac{1}{2}\right)$$

が計算できるようになります．

ベータ分布 $\mathrm{Be}(\alpha,\beta)$ の確率密度関数を図 3.5 に示します．この図より，ベータ分布の確率密度関数は α と β の値によって形状が大きく変化することがわかります．また，$\alpha = \beta = 1$ のときは連続一様分布になります．

ベータ分布 $\mathrm{Be}(\alpha,\beta)$ の期待値と分散は

図 3.5 ベータ分布 $\mathrm{Be}(\alpha, \beta)$ の確率密度関数.

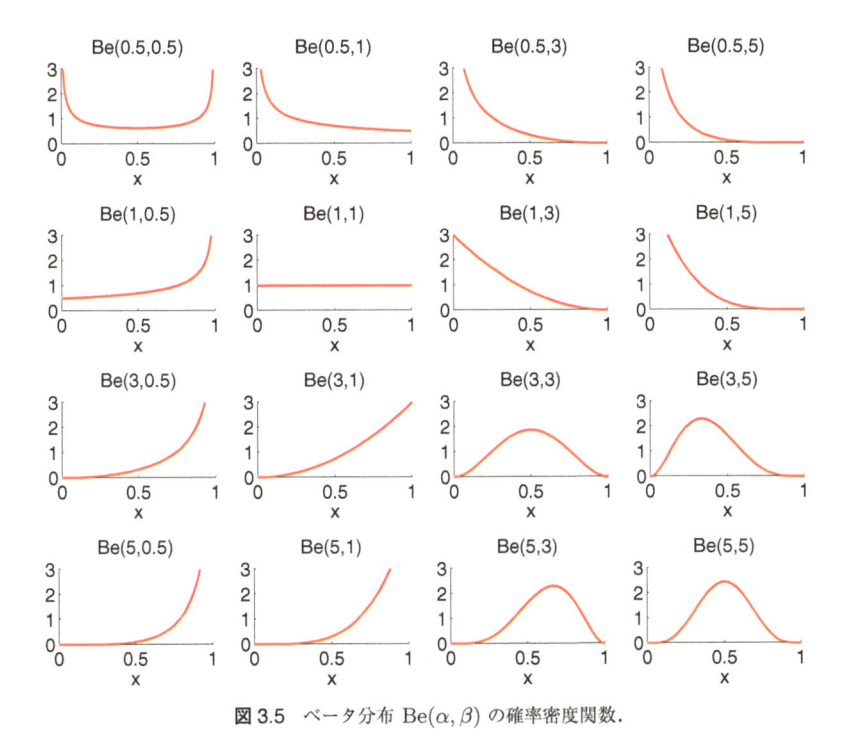

$$E[x] = \frac{\alpha}{\alpha + \beta}, \quad V[x] = \frac{\alpha\beta}{(\alpha+\beta)^2(\alpha+\beta+1)} \quad (3.25)$$

で与えられます．期待値は，部分積分を用いることにより導出できます．

$$\begin{aligned}
E[x] &= \frac{1}{B(\alpha,\beta)} \int_0^1 x x^{\alpha-1}(1-x)^{\beta-1} \mathrm{d}x \\
&= \frac{1}{B(\alpha,\beta)} \int_0^1 x^{\alpha}(1-x)^{\beta-1} \mathrm{d}x \\
&= \frac{1}{B(\alpha,\beta)} \left\{ \left[x^{\alpha} \left(-\frac{(1-x)^{\beta}}{\beta} \right) \right]_0^1 - \int_0^1 \alpha x^{\alpha-1} \left(-\frac{(1-x)^{\beta}}{\beta} \right) \mathrm{d}x \right\} \\
&= \frac{\alpha}{\beta} \frac{1}{B(\alpha,\beta)} \int_0^1 x^{\alpha-1}(1-x)^{\beta-1}(1-x) \mathrm{d}x
\end{aligned}$$

$$= \frac{\alpha}{\beta}\frac{1}{B(\alpha,\beta)}\left\{\int_0^1 x^{\alpha-1}(1-x)^{\beta-1}\mathrm{d}x - \int_0^1 xx^{\alpha-1}(1-x)^{\beta-1}\mathrm{d}x\right\}$$
$$= \frac{\alpha}{\beta}(1-E[x]) \tag{3.26}$$

分散は，$E[x^2]$ に対して上記と同様な計算をすれば

$$E[x^2] = \frac{\alpha+1}{\beta}\Big(E[x] - E[x^2]\Big)$$

が得られ，これを

$$V[x] = E[x^2] - \big(E[x]\big)^2 \tag{3.27}$$

に代入することにより導出できます．

5.3 節で，ベータ分布を多次元に拡張したディリクレ分布を紹介します．

3.5 コーシー分布とラプラス分布

標準正規分布 $N(0,1)$ に独立に従う 2 つの確率変数 z と z' の比

$$x = \frac{z}{z'} \tag{3.28}$$

が従う確率分布を，標準**コーシー分布**（**Cauchy distribution**）とよびます．標準コーシー分布の確率密度関数は $f(x) = \frac{1}{\pi(x^2+1)}$ で与えられます．これを実数 a と正の実数 b を用いて一般化した

$$f(x) = \frac{b}{\pi((x-a)^2 + b^2)} \tag{3.29}$$

に対応する確率分布をコーシー分布とよび，$\mathrm{Ca}(a,b)$ と表記します．

標準コーシー分布の期待値を定義に従って計算すると

$$E[x] = \int_{-\infty}^{+\infty} xf(x)\mathrm{d}x = \int_{-\infty}^{+\infty} \frac{x}{\pi(x^2+1)}\mathrm{d}x$$
$$= \frac{1}{2\pi}\Big[\log(1+x^2)\Big]_{-\infty}^{+\infty} = \frac{1}{2\pi}\lim_{\alpha\to+\infty,\beta\to-\infty}\log\frac{1+\alpha^2}{1+\beta^2} \tag{3.30}$$

となり，α の $+\infty$ への増加の速さと β の $-\infty$ への減少の速さによって異なる値をとることがわかります．このため，コーシー分布 $\mathrm{Ca}(a,b)$ は期待値を

持ちません．$\alpha = -\beta$ とおいたときの極限の値を**主値**（principal value）とよびます．これはコーシー分布 $\mathrm{Ca}(a,b)$ の「位置」を表し，実数 a と一致します．期待値を持たないことから，コーシー分布 $\mathrm{Ca}(a,b)$ は2次以上の積率も持ちません．正の実数 b はコーシー分布の「尺度」を表します．

指数分布 $\mathrm{Exp}(1)$ に独立に従う2つの確率変数 y と y' の差

$$x = y - y' \tag{3.31}$$

が従う確率分布を，標準**ラプラス分布**（Laplace distribution）とよびます．標準ラプラス分布の確率密度関数は $f(x) = \frac{1}{2}\exp(-|x|)$ で与えられ，これを実数 a と正の実数 b を用いて一般化した

$$f(x) = \frac{1}{2b}\exp\left(-\frac{|x-a|}{b}\right) \tag{3.32}$$

に対応する確率分布をラプラス分布とよび，$\mathrm{La}(a,b)$ と表記します．ラプラス分布は定義域が非負の指数分布を負まで拡張していると解釈できることから，**二重指数分布**（double exponential distribution）とよぶこともあります．

$|t| < 1/b$ のとき，ラプラス分布 $\mathrm{La}(a,b)$ の積率母関数は

$$\begin{aligned}
M_x(t) &= \frac{1}{2b}\int_{-\infty}^{a}\exp\left(xt + \frac{x}{b} - \frac{a}{b}\right)\mathrm{d}x + \frac{1}{2b}\int_{a}^{+\infty}\exp\left(xt - \frac{x}{b} + \frac{a}{b}\right)\mathrm{d}x \\
&= \frac{1}{2}\left[\frac{1}{1+bt}\exp\left(xt + \frac{x}{b} - \frac{a}{b}\right)\right]_{-\infty}^{a} - \frac{1}{2}\left[\frac{1}{1-bt}\exp\left(xt - \frac{x}{b} + \frac{a}{b}\right)\right]_{-\infty}^{a} \\
&= \frac{1}{1-b^2 t^2}\exp(at)
\end{aligned} \tag{3.33}$$

で与えられます．

この積率母関数より，ラプラス分布 $\mathrm{La}(a,b)$ の期待値と分散は

$$E[x] = a, \quad V[x] = 2b^2 \tag{3.34}$$

で与えられることが確認できます．

コーシー分布 $\mathrm{Ca}(a,b)$，ラプラス分布 $\mathrm{La}(a,b)$，正規分布 $N(a,b^2)$ の確率密度関数を図 3.6 に示します．コーシー分布とラプラス分布は正規分布より裾が重いため，原点から大きく離れた値が生成される確率はそれほど小さく

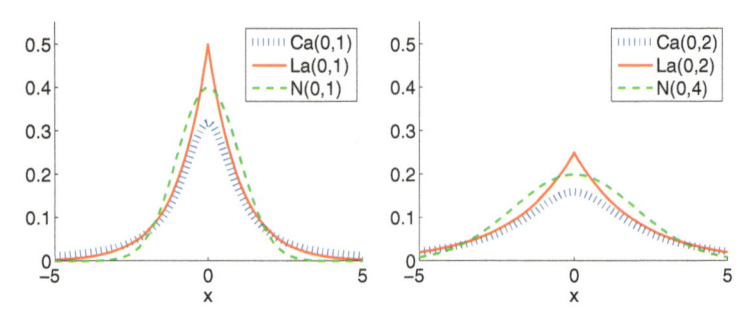

図 3.6 コーシー分布 $Ca(a,b)$，ラプラス分布 $La(a,b)$，正規分布 $N(a,b^2)$ の確率密度関数．

ありません．そのため，コーシー分布とラプラス分布は**異常値（anomaly）**または**外れ値（outlier）**を含むデータのモデル化によく用いられます．また，ラプラス分布の確率密度関数は原点で尖っているため微分できません．

3.6 t 分布と F 分布

標準正規分布 $N(0,1)$ に従う確率変数 z と自由度 d のカイ二乗分布に従う確率変数 y の比

$$x = \frac{z}{\sqrt{y/d}} \tag{3.35}$$

が従う確率分布を t **分布**（t-distribution）とよび，$t(d)$ と表記します．発見者のゴセット (Gosset) が論文でスチューデント (Student) というペンネームを使っていたことから，スチューデントの t 分布とよぶこともあります．

t 分布 $t(d)$ の確率密度関数は，

$$f(x) = \frac{1}{B(\frac{d}{2}, \frac{1}{2})\sqrt{d}} \left(1 + \frac{x^2}{d}\right)^{-\frac{d+1}{2}} \tag{3.36}$$

で与えられます（図 3.7）．ここで，$B(\frac{d}{2}, \frac{1}{2})$ は 3.4 節で示したベータ関数を表します．自由度 $d=1$ のとき t 分布はコーシー分布と一致し，自由度 $d=\infty$ のとき t 分布は正規分布と一致します．自由度 $d \geq 2$ のとき期待値が，自由度 $d \geq 3$ のとき分散が存在し，それぞれ

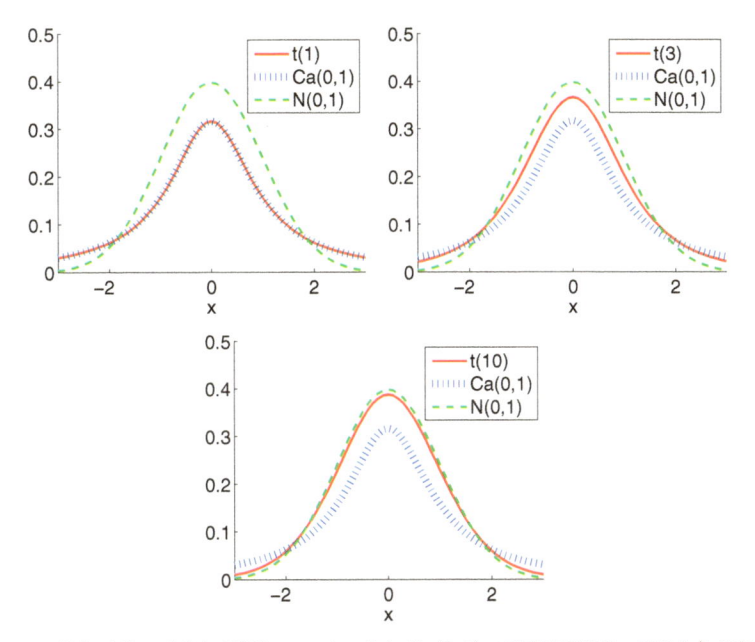

図 3.7 t 分布 $t(d)$ の確率密度関数, コーシー分布 $\mathrm{Ca}(0,1)$ の確率密度関数, 正規分布 $N(0,1)$ の確率密度関数.

$$E[x] = 0, \quad V[x] = \frac{d}{d-2} \tag{3.37}$$

で与えられます.

自由度が d と d' のカイ二乗分布に従う 2 つの確率変数 y と y' の比

$$x = \frac{y/d}{y'/d'} \tag{3.38}$$

が従う確率分布を F **分布**(F-distribution)とよび, $F(d, d')$ と表記します. 発見者のスネデカー (Snedecor) の名前を冠して, スネデカーの F 分布とよぶこともあります.

F 分布 $F(d, d')$ の確率密度関数は,

$$f(x) = \frac{1}{B(d/2, d'/2)} \left(\frac{d}{d'}\right)^{\frac{d}{2}} x^{\frac{d}{2}-1} \left(1 + \frac{d}{d'}x\right)^{-\frac{d+d'}{2}}, \quad x \geq 0 \tag{3.39}$$

で与えられます（図 3.8）．自由度 $d' \geq 3$ のとき期待値が，自由度 $d' \geq 5$ のとき分散が存在し，それぞれ

$$E[x] = \frac{d'}{d'-2}, \quad V[x] = \frac{2d'^2(d+d'-2)}{d(d'-2)^2(d'-4)} \qquad (3.40)$$

で与えられます．y が自由度 d の t 分布 $t(d)$ に従うとき，y^2 は F 分布 $F(1,d)$ に従います．

t 分布と F 分布は，第 10 章で紹介する仮説検定で重要な働きをします．また，t 分布は 9.7.1 項で説明する信頼区間の導出にも用いられます．

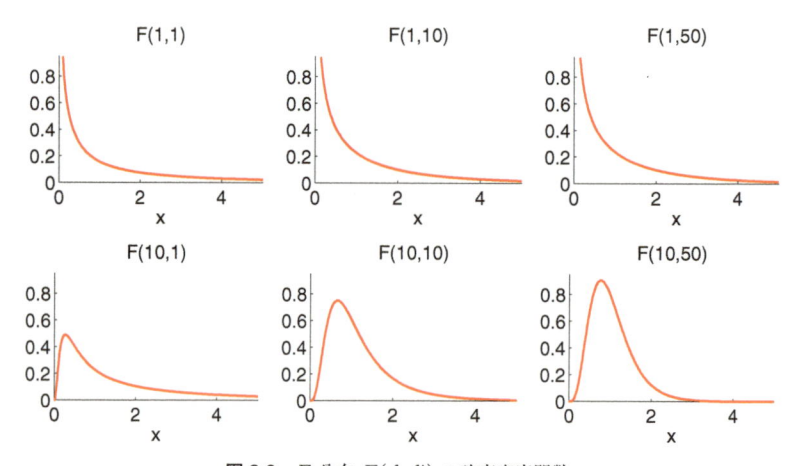

図 3.8 F 分布 $F(d,d')$ の確率密度関数．

Chapter 4

多次元確率分布の性質

ここまでの章では,単一の確率変数 x が従う確率分布の性質を議論してきました.複数の確率変数が与えられる場合,それらの確率変数間の関係を調べることによってさらに色々な情報が得られる可能性があります.本章では,2 つの確率変数 x と y に関する性質を議論します.

4.1 同時確率分布

離散型確率変数 x と y が可算集合の中の値をとる確率を $\Pr(x,y)$ と表記し,確率変数の実現値と確率との関係を関数として表したものを**同時確率分布**(joint probability distribution)とよびます.そして,対応する確率質量関数 $f(x,y)$ を**同時確率質量関数**(joint probability mass function)とよびます.

$$\Pr(x,y) = f(x,y) \tag{4.1}$$

1 次元のときと同じく,$f(x,y)$ は,

$$f(x,y) \geq 0, \quad \sum_{x,y} f(x,y) = 1 \tag{4.2}$$

を満たす必要があります.同時確率質量関数 $f(x,y)$ を用いれば,x および y 単独の確率質量関数 $g(x)$ および $h(y)$ を

$$g(x) = \sum_y f(x,y), \quad h(y) = \sum_x f(x,y) \tag{4.3}$$

と求められます．これらを x および y の**周辺確率質量関数**（marginal probability mass function）とよび，対応する確率分布を**周辺確率分布**（marginal probability distribution）とよびます．また，同時確率分布から周辺確率分布を求めることを**周辺化**（marginalization）といいます．

x と y が連続型確率変数の場合は，**同時確率密度関数**（joint probability density function）$f(x,y)$ を

$$\Pr(a \le x \le b,\, c \le y \le d) = \int_c^d \int_a^b f(x,y) \mathrm{d}x \mathrm{d}y \tag{4.4}$$

と定義します．1次元のときと同じく，$f(x,y)$ は，

$$f(x,y) \ge 0, \quad \iint f(x,y) \mathrm{d}x \mathrm{d}y = 1 \tag{4.5}$$

を満たす必要があります．同時確率密度関数 $f(x,y)$ を用いれば，x および y 単独の確率を

$$\Pr(a \le x \le b) = \int_a^b \int f(x,y) \mathrm{d}y \mathrm{d}x = \int_a^b g(x) \mathrm{d}x \tag{4.6}$$

$$\Pr(c \le y \le d) = \int_c^d \int f(x,y) \mathrm{d}x \mathrm{d}y = \int_c^d h(y) \mathrm{d}y \tag{4.7}$$

と求められます．ここで，

$$g(x) = \int f(x,y) \mathrm{d}y, \quad h(y) = \int f(x,y) \mathrm{d}x \tag{4.8}$$

を x および y の**周辺確率密度関数**（marginal probability density function）とよびます．

4.2 条件付き確率分布

離散型確率変数 x と y に対して，y の値が与えられたもとでの x の確率を $\Pr(x|y)$ と表記し，y を条件とする x の**条件付き確率分布**（conditional probability distribution）とよびます．y が起こった後に x も起こる確

率であることから，条件付き確率は

$$\Pr(x|y) = \frac{\Pr(x,y)}{\Pr(y)} \tag{4.9}$$

と表せます．これに基づいて，y を条件とする x の**条件付き確率質量関数**（conditional probability mass function）を

$$g(x|y) = \frac{f(x,y)}{h(y)} \tag{4.10}$$

と定義します．条件付き確率分布も確率分布であることから，その期待値および分散が定義でき，**条件付き期待値**（conditional expectation）および**条件付き分散**（conditional variance）とよびます．

$$E[x|y] = \sum_x x\,g(x|y), \quad V[x|y] = E\bigl[(x - E[x|y])^2 | y\bigr] \tag{4.11}$$

x と y が連続型確率変数のとき $\Pr(y) = 0$ であることから，式 (4.9) では条件付き確率を定義できません．しかし，**条件付き確率密度関数**（conditional probability density function）は式 (4.10) と同様に定義でき，条件付き期待値も

$$E[x|y] = \int x\,g(x|y)\mathrm{d}x \tag{4.12}$$

と定義できます．

4.3 分割表

分割表（contingency table）とは，2 つ以上の離散型確率変数間の情報を表にまとめたものです．表 4.1 に，分割表の例を示します．これは，「確率と統計」の好き嫌いを表す確率変数 x と，「確率と統計」の講義中に眠たいかどうかを表す確率変数 y の情報を表しています．

分割表は，同時確率質量関数に対応します．右端の合計の列を**行周辺合計**（row marginal total），下端の合計の行を**列周辺合計**（column marginal total），右下端の要素を**総計**（grand total）とよびます．行周辺合計と列周辺合計は周辺確率質量関数に対応し，各列と各行の値は条件付き確率質量関数に対応します．10.4 節で分割表における仮説検定の手法を紹介します．

表 4.1 分割表の例.

$x \setminus y$	「確率と統計」の 講義中に眠たい	「確率と統計」の 講義中に眠たくない	合計
「確率と統計」が好き	20	40	60
「確率と統計」が嫌い	20	20	40
合計	40	60	100

4.4 ベイズの定理

原因 x に対する結果 y の確率 $\Pr(y|x)$ がわかるとき，**ベイズの定理**（Bayes' theorem）によって y が起こったときの原因が x である確率 $\Pr(x|y)$ を計算できます．

$$\Pr(x|y) = \frac{\Pr(y|x)\Pr(x)}{\Pr(y)} \tag{4.13}$$

$\Pr(x)$ は結果 y を知る前の原因 x の確率であることから，x の**事前確率**（prior probability）とよばれます．一方，$\Pr(x|y)$ は結果 y を知った後での原因 x の確率であることから，x の**事後確率**（posterior probability）とよばれます．ベイズの定理が成り立つことは，

$$\Pr(x|y)\Pr(y) = \Pr(x,y) = \Pr(y|x)\Pr(x)$$

から明らかです．ベイズの定理は連続型確率変数 x, y に対しても成り立ち，確率密度関数を用いて

$$g(x|y) = \frac{h(y|x)g(x)}{h(y)} \tag{4.14}$$

で与えられます．

簡単な例を通して，ベイズの定理の有用性を示しましょう．被験者の発言がウソか本当かを表す確率変数を x で，ウソ発見器の出力を表す確率変数を y で表します．ウソ発見器がウソをウソと判定する確率，および，本当を本当と判定する確率は非常に高く，

$$\Pr(y = ウソ \mid x = ウソ) = 0.99, \quad \Pr(y = 本当 \mid x = 本当) = 0.95$$

とします．被験者がウソをつく確率が $\Pr(x = \text{ウソ}) = 0.001$ のときに，ウソ発見器が被験者がウソをついていると判定したら，その結果を信用すべきでしょうか．ウソ発見器の信頼度は，

$$\Pr(x = \text{ウソ} \mid y = \text{ウソ}) \text{ と } \Pr(x = \text{本当} \mid y = \text{ウソ})$$

の大小により結論づけられます．

周辺化によって $\Pr(y = \text{ウソ})$ の値が

$$\begin{aligned}\Pr(y = \text{ウソ}) &= \Pr(y = \text{ウソ} \mid x = \text{ウソ})\Pr(x = \text{ウソ}) \\ &\quad + \Pr(y = \text{ウソ} \mid x = \text{本当})\Pr(x = \text{本当}) \\ &= \Pr(y = \text{ウソ} \mid x = \text{ウソ})\Pr(x = \text{ウソ}) \\ &\quad + \Big(1 - \Pr(y = \text{本当} \mid x = \text{本当})\Big)\Big(1 - \Pr(x = \text{ウソ})\Big) \\ &= 0.99 \times 0.001 + (1 - 0.95) \times (1 - 0.001) \approx 0.051\end{aligned}$$

と求められることから，ベイズの定理 (4.13) より

$$\begin{aligned}\Pr(x = \text{ウソ} \mid y = \text{ウソ}) &= \frac{\Pr(y = \text{ウソ} \mid x = \text{ウソ})\Pr(x = \text{ウソ})}{\Pr(y = \text{ウソ})} \\ &\approx \frac{0.99 \times 0.001}{0.051} \approx 0.019\end{aligned}$$

が得られます．これより，

$$\Pr(x = \text{本当} \mid y = \text{ウソ}) = 1 - \Pr(x = \text{ウソ} \mid y = \text{ウソ}) \approx 0.981$$

が得られ，

$$\Pr(x = \text{ウソ} \mid y = \text{ウソ}) \ll \Pr(x = \text{本当} \mid y = \text{ウソ})$$

が成り立つことがわかります．したがって，このウソ発見器がウソと判定する結果は信用すべきでない，と結論づけられます．

このことから，もともと被験者がウソをつく確率が非常に小さい場合は，ウソ発見器がウソと判定する結果は信用できないことがわかります．実際，このウソ発見器に対して

$$\Pr(x = \text{ウソ} \mid y = \text{ウソ}) > \Pr(x = \text{本当} \mid y = \text{ウソ})$$

が成り立つためには，被験者がウソをつく確率が

$$\Pr(x = ウソ) > 0.048$$

を満たす必要があります．

4.5 共分散と相関

x と y の和の分散 $V[x+y]$ は，それぞれの分散の和 $V[x]+V[y]$ とは一般に一致しません．しかし，x と y の**共分散**（covariance）

$$\mathrm{Cov}[x, y] = E\Big[\big(x - E[x]\big)\big(y - E[y]\big)\Big] \tag{4.15}$$

を用いれば，$V[x+y]$ と $V[x]+V[y]$ は

$$V[x+y] = V[x] + V[y] + 2\mathrm{Cov}[x, y] \tag{4.16}$$

という関係を満たします．$\mathrm{Cov}[x,y] > 0$ のとき x が増加すれば y も増加する傾向があり，$\mathrm{Cov}[x,y] < 0$ のとき x が増加すれば y は減少する傾向があります．$\mathrm{Cov}[x,y] \approx 0$ のとき，x と y の増減に明確な関係はありません．

共分散は，例えば株式投資の方針を決めるときに役立ちます．A社の株価を x，B社の株価を y としたとき，$\mathrm{Cov}[x,y] > 0$ ならばA社とB社両方の株を買うと分散が拡大します．そのため，資産の変動度合いが増加し，より大きな利益が得られる可能性が出てきます（逆に，大きな損失を被る可能性も出てきます）．一方 $\mathrm{Cov}[x,y] < 0$ ならば，A社とB社両方の株を買うと分散が縮小するため，変動リスクが抑制され資産の安定性が向上します（逆に，大きな利益が得られる可能性も減少します）．

x と y の分散と共分散をまとめた行列

$$\begin{aligned}
\boldsymbol{\Sigma} &= E\left[\left\{\begin{pmatrix} x \\ y \end{pmatrix} - E\begin{pmatrix} x \\ y \end{pmatrix}\right\}\left\{\begin{pmatrix} x \\ y \end{pmatrix} - E\begin{pmatrix} x \\ y \end{pmatrix}\right\}^\top\right] \\
&= \begin{pmatrix} V[x] & \mathrm{Cov}[x,y] \\ \mathrm{Cov}[y,x] & V[y] \end{pmatrix}
\end{aligned} \tag{4.17}$$

を，**分散共分散行列**（variance-covariance matrix）とよびます．ここで $^\top$ は転置を表します．$\mathrm{Cov}[y,x] = \mathrm{Cov}[x,y]$ であることから，分散共分散行

列 Σ は対称であることがわかります.

共分散 $\mathrm{Cov}[x, y]$ を x と y の標準偏差の積 $\sqrt{V[x]}\sqrt{V[y]}$ で割った値を x と y の**相関係数**（correlation coefficient）とよび，$\rho_{x,y}$ で表します.

$$\rho_{x,y} = \frac{\mathrm{Cov}[x, y]}{\sqrt{V[x]}\sqrt{V[y]}} \tag{4.18}$$

相関係数は共分散を単に正規化したものであるため，本質的には共分散と同様の働きをします．しかし，相関係数は

$$-1 \leq \rho_{x,y} \leq 1 \tag{4.19}$$

を満たすため，相関係数には x と y の関係の強さの絶対的な度合いがわかるという長所があります．式 (4.19) は，一般に

$$|E[x]| \leq E[|x|] \tag{4.20}$$

が成り立つことと 8.3.2 項で示すシュワルツの不等式より

$$|\mathrm{Cov}[x, y]| \leq E\big[|(x - E[x])(y - E[y])|\big] \leq \sqrt{V[x]}\sqrt{V[y]}$$

が成り立つことから確認できます.

図 4.1 に相関係数の例を示します．$\rho_{x,y} > 0$ のとき x と y の増減は同傾向にあり，x と y は**正の相関**（positively correlated）があるといいます．一方，$\rho_{x,y} < 0$ のとき x と y の増減は逆傾向にあり，x と y は**負の相関**（negatively correlated）があるといいます．$\rho_{x,y} = \pm 1$ のときは x と y は正比例するという確定的な関係が成り立ちます．$\rho_{x,y} \approx 0$ のときは x と y の増減に明確な関係はなく，$\rho_{x,y} = 0$ のとき x と y は**無相関**（uncorrelated）であるといいます．このように，相関係数によって x と y の単調な増減関係や無相関性が捉えられます．しかし，x と y に非線形の関係があるとき，対称性を持つ場合は相関係数がゼロに近い値をとってしまいます（図 4.2）.

4.6 独立性

任意の x と y に対して

$$f(x, y) = g(x)h(y) \tag{4.21}$$

(a) 正の相関

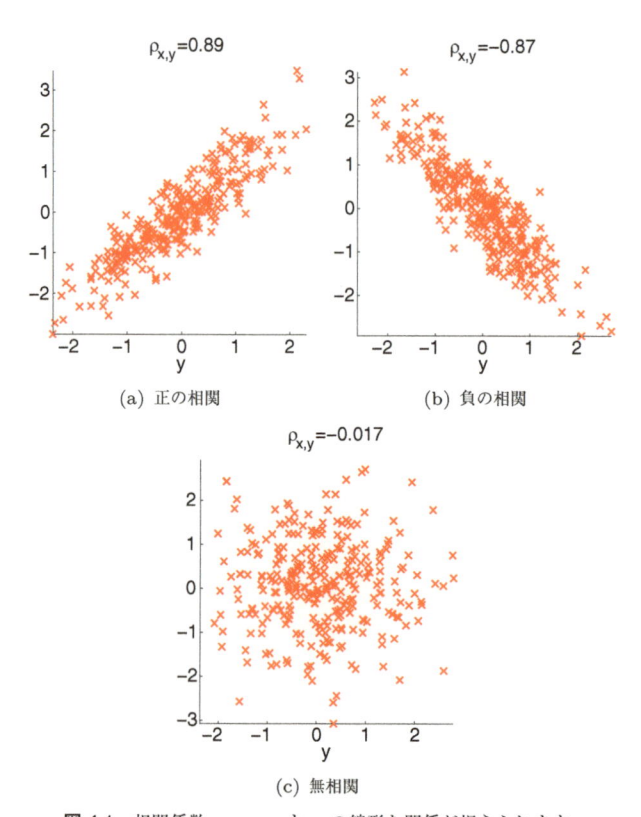

(b) 負の相関

(c) 無相関

図 4.1 相関係数 $\rho_{x,y}$. x と y の線形な関係が捉えられます．

が成り立つとき，x と y は統計的に**独立**（**independent**）であるといいます．逆に x と y が独立でないときは，x と y は**従属**（**dependent**）であるといいます．x と y が独立のとき，次の性質が成り立ちます．

- 条件付き確率が条件に依存しない：$g(x|y) = g(x)$, $h(y|x) = h(y)$
- 積の期待値がそれぞれの期待値の積と一致する：$E[xy] = E[x]E[y]$
- 和の積率母関数がそれぞれの積率母関数の積と一致する：
  $M_{x+y}(t) = M_x(t)M_y(t)$
- 無相関である：$\mathrm{Cov}[x, y] = 0$

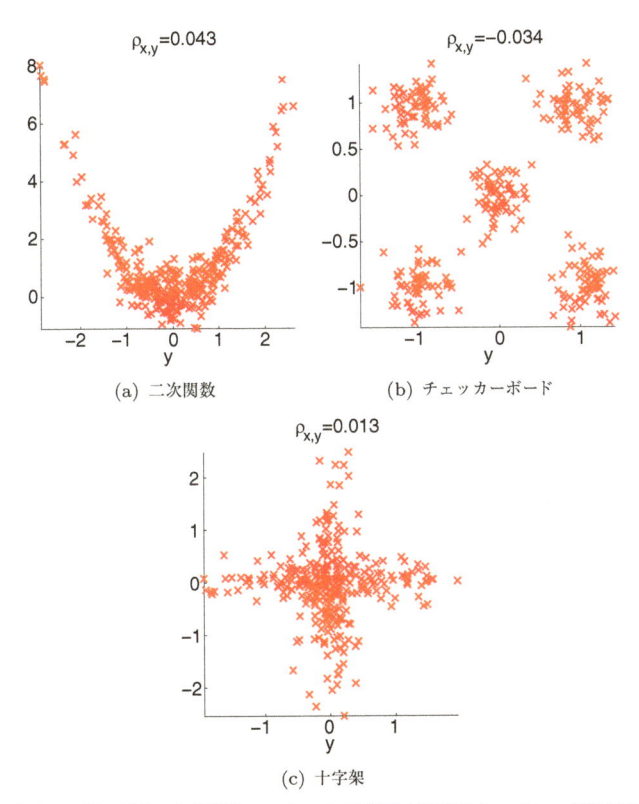

図 4.2 非線形の関係に対する相関係数．x と y に非線形な関係があっても，対称性を持つ場合は相関係数がゼロに近い値をとってしまいます．

独立性と無相関性はともに x と y の「無関係さ」を表しますが，独立性のほうが無相関性よりも強い概念です．実際，独立ならば必ず無相関であるのに対して，無相関だからといって必ずしも独立だとは限りません．例えば，同時確率密度関数

$$f(x,y) = \begin{cases} 1 & (|x|+|y| \leq \frac{1}{\sqrt{2}}) \\ 0 & (\text{それ以外}) \end{cases} \tag{4.22}$$

を持つ確率変数 x と y は，無相関ですが独立ではありません（図 4.3）．実際，

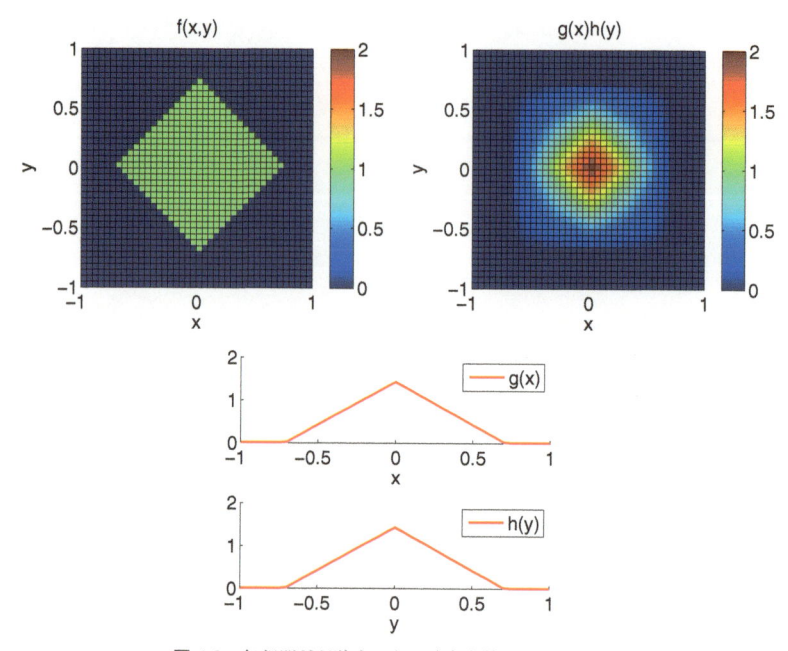

図 4.3 無相関だが独立でない確率変数 x と y の例.

$$\mathrm{Cov}[x,y] = E\Big[(x - E[x])(y - E[y])\Big] = E[xy]$$
$$= \int_{-\frac{1}{\sqrt{2}}}^{\frac{1}{\sqrt{2}}} x \left(\int_{-\frac{1}{\sqrt{2}}+|x|}^{\frac{1}{\sqrt{2}}-|x|} y\mathrm{d}y \right) \mathrm{d}x = -\int_{-\frac{1}{\sqrt{2}}}^{\frac{1}{\sqrt{2}}} \sqrt{2}x|x|\mathrm{d}x = 0$$

によって x と y が無相関であることが確認できますが, x と y の周辺確率密度関数が

$$g(x) = \max\left(0, \sqrt{2} - 2|x|\right), \quad h(y) = \max\left(0, \sqrt{2} - 2|y|\right)$$

で与えられることから

$$f(x,y) \neq g(x)h(y)$$

が成り立ち, x と y は独立でないことがわかります.

Chapter 5

多次元確率分布の例

本章では，多項分布，多次元正規分布，ディリクレ分布，ウィシャート分布など，代表的な多次元確率分布の例を紹介します．数学的にやや高度な内容を含みますが，実世界でのデータ解析ではこれらの多次元確率分布がよく用いられます．

5.1 多項分布

2.2 節で紹介した二項分布は，表が出る確率が p のコインを n 回投げたときに，表が出る回数 x が従う確率分布でした．**多項分布**（multinomial distribution）は，二項分布の多次元確率変数への拡張です．

各面の出る確率が
$$\boldsymbol{p} = (p_1, \ldots, p_d)^\top \tag{5.1}$$
の d 面体のさいころを n 回投げたときに，各面が出る回数
$$\boldsymbol{x} = (x^{(1)}, \ldots, x^{(d)})^\top \tag{5.2}$$
が従う確率分布を多項分布とよび，$\mathrm{Mult}(n, \boldsymbol{p})$ と表記します．ただし，$p_1, \ldots, p_d$ は和が 1 となる非負の実数であり，$x^{(1)}, \ldots, x^{(d)}$ は和が n となる非負の整数です．

$$\boldsymbol{x} \in \Delta_{d,n} = \left\{ \boldsymbol{x} \mid x^{(1)}, \ldots, x^{(d)} \geq 0,\ x^{(1)} + \cdots + x^{(d)} = n \right\} \tag{5.3}$$

j 番目の面が $x^{(j)}$ 回出る確率は $(p_j)^{x^{(j)}}$ であり，n 回の試行において各面

が $x^{(1)}, \ldots, x^{(d)}$ 回出る組合せは

$$\frac{n!}{x^{(1)}! \cdots x^{(d)}!}$$

です．これらをまとめると，多項分布 $\text{Mult}(n, \boldsymbol{p})$ の確率質量関数 $f(\boldsymbol{x})$ は

$$f(\boldsymbol{x}) = \frac{n!}{x^{(1)}! \cdots x^{(d)}!} (p_1)^{x^{(1)}} \cdots (p_d)^{x^{(d)}} \tag{5.4}$$

で与えられます．$d = 2$ のとき，多項分布 $\text{Mult}(n, \boldsymbol{p})$ は二項分布 $\text{Bi}(n, p_1)$ と一致します．

二項定理の拡張である**多項定理**（multinomial theorem）

$$(p_1 + \cdots + p_d)^n = \sum_{\boldsymbol{x} \in \Delta_{d,n}} \frac{n!}{x^{(1)}! \cdots x^{(d)}!} (p_1)^{x^{(1)}} \cdots (p_d)^{x^{(d)}} \tag{5.5}$$

を用いれば，多項分布 $\text{Mult}(n, \boldsymbol{p})$ の積率母関数が

$$\begin{aligned} M_{\boldsymbol{x}}(\boldsymbol{t}) &= E[e^{\boldsymbol{t}^\top \boldsymbol{x}}] \\ &= \sum_{\boldsymbol{x} \in \Delta_{d,n}} e^{t_1 x^{(1)}} \cdots e^{t_d x^{(d)}} \frac{n!}{x^{(1)}! \cdots x^{(d)}!} (p_1)^{x^{(1)}} \cdots (p_d)^{x^{(d)}} \\ &= \sum_{\boldsymbol{x} \in \Delta_{d,n}} \frac{n!}{x^{(1)}! \cdots x^{(d)}!} (p_1 e^{t_1})^{x^{(1)}} \cdots (p_d e^{t_d})^{x^{(d)}} \\ &= (p_1 e^{t_1} + \cdots + p_d e^{t_d})^n \end{aligned} \tag{5.6}$$

で与えられることがわかります．これより，多項分布 $\text{Mult}(n, \boldsymbol{p})$ において j 番目の面が出る回数 $x^{(j)}$ の期待値，および，$x^{(j)}$ と $x^{(j')}$ の共分散は，

$$E[x^{(j)}] = np_j \tag{5.7}$$

$$\text{Cov}[x^{(j)}, x^{(j')}] = \begin{cases} np_j(1 - p_j) & (j = j') \\ -np_j p_{j'} & (j \neq j') \end{cases} \tag{5.8}$$

で与えられることが確認できます．

5.2 多次元正規分布

確率変数 $y^{(1)}, \ldots, y^{(d)}$ が独立に標準正規分布に従うとき，

$\boldsymbol{y} = (y^{(1)}, \ldots, y^{(d)})^\top$ とおけば,同時確率密度関数 $g(\boldsymbol{y})$ は

$$g(\boldsymbol{y}) = \prod_{j=1}^{d} \frac{1}{\sqrt{2\pi}} \exp\left(-\frac{(y^{(j)})^2}{2}\right) = \frac{1}{(2\pi)^{d/2}} \exp\left(-\frac{1}{2}\boldsymbol{y}^\top \boldsymbol{y}\right) \quad (5.9)$$

で与えられます.$\boldsymbol{y}$ の期待値と分散共分散行列は,

$$E[\boldsymbol{y}] = \boldsymbol{0}, \quad V[\boldsymbol{y}] = \boldsymbol{I} \quad (5.10)$$

で与えられます.ただし,$\boldsymbol{0}$ はゼロベクトル,$\boldsymbol{I}$ は単位行列を表します.

ここで,$d \times d$ の**可逆行列**(invertible matrix)$\boldsymbol{T}$ と d 次元ベクトル $\boldsymbol{\mu}$ を用いて,$\boldsymbol{y}$ を

$$\boldsymbol{x} = \boldsymbol{T}\boldsymbol{y} + \boldsymbol{\mu} \quad (5.11)$$

と変換します.$g(\boldsymbol{y})$ とヤコビアン $\det(\boldsymbol{T})$ を用いれば,$\boldsymbol{x}$ の同時確率密度関数 $f(\boldsymbol{x})$ は

$$\begin{aligned} f(\boldsymbol{x}) &= g(\boldsymbol{y})|\det(\boldsymbol{T})|^{-1} \\ &= \frac{1}{(2\pi)^{d/2}\sqrt{\det(\boldsymbol{\Sigma})}} \exp\left(-\frac{1}{2}(\boldsymbol{x}-\boldsymbol{\mu})^\top \boldsymbol{\Sigma}^{-1}(\boldsymbol{x}-\boldsymbol{\mu})\right) \end{aligned} \quad (5.12)$$

で与えられます(memo 3.2).ただし,$\boldsymbol{\Sigma} = \boldsymbol{T}\boldsymbol{T}^\top$ とおきました.これが,**多次元正規分布**(multivariate normal distribution)の一般形です.多次元正規分布の期待値と分散共分散行列は,

$$E[\boldsymbol{x}] = \boldsymbol{T}E[\boldsymbol{y}] + \boldsymbol{\mu} = \boldsymbol{\mu} \quad (5.13)$$
$$V[\boldsymbol{x}] = V[\boldsymbol{T}\boldsymbol{y} + \boldsymbol{\mu}] = \boldsymbol{T}V[\boldsymbol{y}]\boldsymbol{T}^\top = \boldsymbol{\Sigma} \quad (5.14)$$

で与えられます.期待値が $\boldsymbol{\mu}$ で分散共分散行列が $\boldsymbol{\Sigma}$ の多変量正規分布を $N(\boldsymbol{\mu}, \boldsymbol{\Sigma})$ と表記します.

図 5.1 に 2 次元正規分布 $N(\boldsymbol{\mu}, \boldsymbol{\Sigma})$ の確率密度関数を示します.2 次元正規分布の確率密度関数は一般に**楕円**(ellipse)状の等高線を持ち,分散共分散行列が対角行列のときは楕円の**主軸**(principal axis)の方向が座標軸と一致します.さらに分散共分散行列の対角成分がすべて等しい,つまり分散共分散行列が単位行列の定数倍のとき,楕円が正円になります.

分散共分散行列 $\boldsymbol{\Sigma}$ を固有値分解(memo 5.1)すると,楕円の主軸の向き

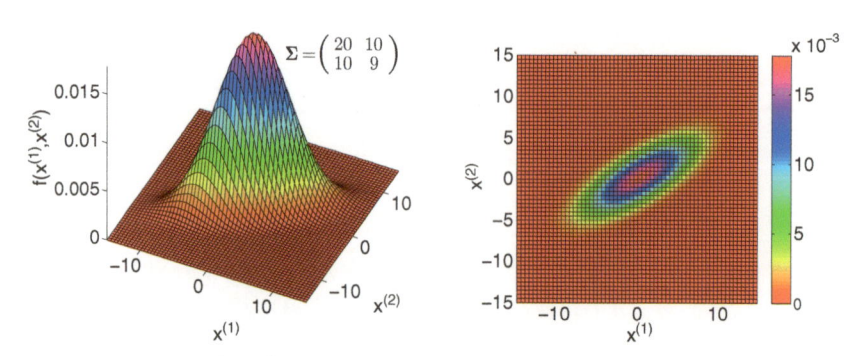

(a) 分散共分散行列が一般の可逆対称のとき，確率密度の等高線は楕円．

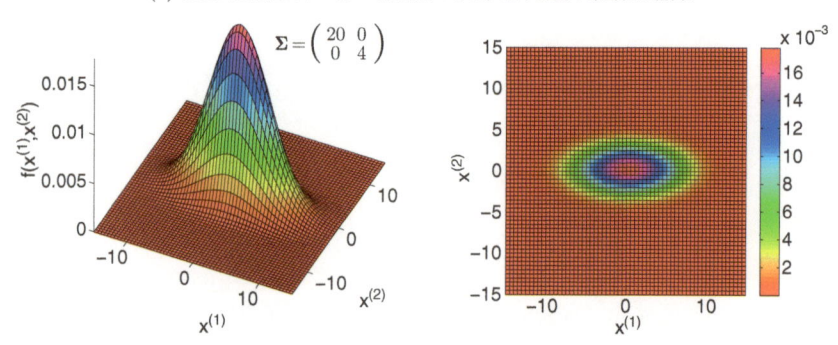

(b) 分散共分散行列が対角のとき，確率密度の等高線は主軸が座標軸に沿った楕円．

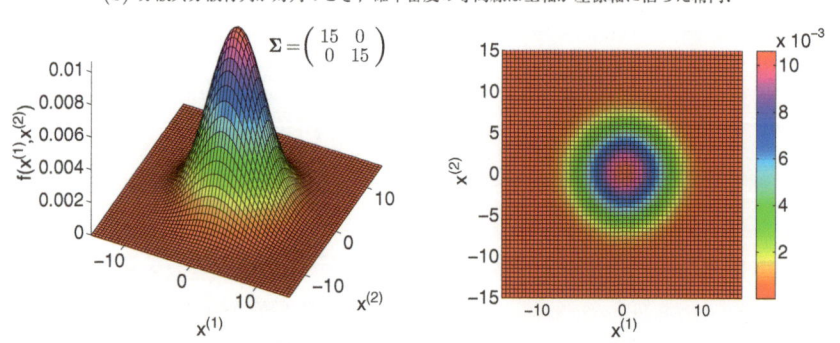

(c) 分散共分散行列が単位行列に比例するとき，確率密度の等高線は正円．

図 5.1 $\boldsymbol{\mu} = (0, 0)^\top$ に対する 2 次元正規分布 $N(\boldsymbol{\mu}, \boldsymbol{\Sigma})$ の確率密度関数．

> $d \times d$ 行列 A に対して，方程式
>
> $$A\phi = \lambda\phi$$
>
> を満たす長さが 1 のベクトル ϕ とスカラー λ を，A の（正規化された）**固有ベクトル**（**eigenvector**）および**固有値**（**eigenvalue**）とよびます．一般に d 個の固有値 $\lambda_1,\ldots,\lambda_d$ が存在し，行列 A が対称のときはすべての固有値が実数になります．すべての固有値が正の行列を**正定値行列**（**positive definite matrix**），すべての固有値が非負の行列を**半正定値行列**（**positive semi-definite matrix**）とよびます．固有値 $\lambda_1,\ldots,\lambda_d$ に対応する固有ベクトル $\phi_1,\ldots,\phi_d$ は，**正規直交性**（**orthonormality**）
>
> $$\phi_j^\top \phi_{j'} = \begin{cases} 1 & (j = j') \\ 0 & (j \neq j') \end{cases}$$
>
> を満たします．行列 A は，固有値と固有ベクトルを用いて，
>
> $$A = \sum_{j=1}^d \lambda_j \phi_j \phi_j^\top = \Phi \Lambda \Phi^\top$$
>
> と表せます．ただし，$\Phi = (\phi_1,\ldots,\phi_d)$，$\Lambda$ は $\lambda_1,\ldots,\lambda_d$ を対角成分に持つ対角行列です．これを行列 A の**固有値分解**（**eigenvalue decomposition**）とよびます．すべての固有値がゼロでないとき，逆行列を
>
> $$A^{-1} = \sum_{j=1}^d \lambda_j^{-1} \phi_j \phi_j^\top = \Phi \Lambda^{-1} \Phi^\top$$
>
> と表せます．

memo 5.1 固有値分解．

は固有ベクトルに対応し，主軸の長さは固有値の平方根に比例することがわかります（図 5.2）．

5.3 ディリクレ分布

正の値を要素に持つ d 次元ベクトル

$$\alpha = (\alpha_1,\ldots,\alpha_d)^\top \tag{5.15}$$

に対して，ガンマ分布 $\mathrm{Ga}(\alpha_j,\lambda)$ に独立に従う確率変数 $y^{(j)}$ を

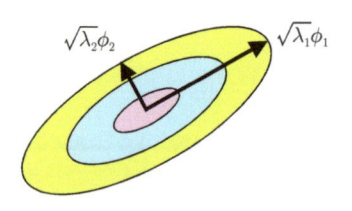

図 5.2 正規分布の確率密度の等高線．楕円の主軸の向きは分散共分散行列 Σ の固有ベクトルと一致し，主軸の長さは固有値の平方根に比例します．

$$V = \sum_{j=1}^{d} y^{(j)} \tag{5.16}$$

で割った値を考えます．これらを並べた d 次元ベクトル

$$\boldsymbol{x} = (x^{(1)}, \ldots, x^{(d)})^\top = \left(\frac{y^{(1)}}{V}, \ldots, \frac{y^{(d)}}{V}\right)^\top \tag{5.17}$$

が従う確率分布を**ディリクレ分布**（**Dirichlet distribution**）とよび，$\mathrm{Dir}(\boldsymbol{\alpha})$ と表記します．$\boldsymbol{x}$ の定義域 Δ_d は

$$\Delta_d = \left\{\boldsymbol{x} \;\middle|\; x^{(1)}, \ldots, x^{(d)} \geq 0,\; x^{(1)} + \cdots + x^{(d)} = 1\right\} \tag{5.18}$$

で与えられます．ディリクレ分布に従う確率変数を得ることは，d 面の偏ったサイコロを生成することに対応します．

ディリクレ分布 $\mathrm{Dir}(\boldsymbol{\alpha})$ の確率密度関数は，

$$f(\boldsymbol{x}) = \frac{\prod_{j=1}^{d}(x^{(j)})^{\alpha_j - 1}}{B_d(\boldsymbol{\alpha})} \tag{5.19}$$

で与えられます．ここで

$$B_d(\boldsymbol{\alpha}) = \int_{\Delta_d} \prod_{j=1}^{d} (x^{(j)})^{\alpha_j - 1} \mathrm{d}\boldsymbol{x} \tag{5.20}$$

は d 次元の**ベータ関数**です．

$0 \leq p \leq 1$ に対して $x = (\sqrt{p}\sin\theta)^2$ とおき，式 (3.23) を用いれば，

$$\int_0^p x^{\alpha-1}(p-x)^{\beta-1}\mathrm{d}x$$
$$= \int_0^{\frac{\pi}{2}} (\sqrt{p}\sin\theta)^{2(\alpha-1)} \left(p-(\sqrt{p}\sin\theta)^2\right)^{\beta-1} \frac{\mathrm{d}x}{\mathrm{d}\theta}\mathrm{d}\theta$$
$$= \int_0^{\frac{\pi}{2}} p^{\alpha-1}(\sin\theta)^{2(\alpha-1)} p^{\beta-1}(\cos\theta)^{2(\beta-1)} \cdot 2p\sin\theta\cos\theta \mathrm{d}\theta$$
$$= p^{\alpha+\beta-1}\left(2\int_0^{\frac{\pi}{2}}(\sin\theta)^{2\alpha-1}(\cos\theta)^{2\beta-1}\mathrm{d}\theta\right)$$
$$= p^{\alpha+\beta-1}B(\alpha,\beta)$$

が得られます．ここで $p = 1 - \sum_{j=1}^{d-2} x^{(j)}$ とおけば，

$$B_d(\boldsymbol{\alpha}) = \int_0^1 (x^{(1)})^{\alpha_1-1} \times \int_0^{1-x^{(1)}} (x^{(2)})^{\alpha_2-1}$$
$$\times \cdots \times \int_0^{1-\sum_{j=1}^{d-2} x^{(j)}} (x^{(d-1)})^{\alpha_{d-1}-1}$$
$$\times \left(1-\sum_{j=1}^{d-1} x^{(j)}\right)^{\alpha_d-1} \mathrm{d}x^{(1)}\mathrm{d}x^{(2)}\cdots\mathrm{d}x^{(d-1)}$$

の $x^{(d-1)}$ に関する積分が

$$\int_0^{1-\sum_{j=1}^{d-2} x^{(j)}} (x^{(d-1)})^{\alpha_{d-1}-1}\left(1-\sum_{j=1}^{d-1} x^{(j)}\right)^{\alpha_d-1}\mathrm{d}x^{(d-1)}$$
$$= \left(1-\sum_{j=1}^{d-2} x^{(j)}\right)^{\sum_{j=d-1}^{d} \alpha_j - 1} B(\alpha_{d-1},\alpha_d)$$

と計算できます．同様に $p = 1 - \sum_{j=1}^{d-3} x^{(j)}$ とおけば，$x^{(d-2)}$ に関する積分が

$$\int_0^{1-\sum_{j=1}^{d-3} x^{(j)}} (x^{(d-2)})^{\alpha_{d-2}-1} \left(1 - \sum_{j=1}^{d-2} x^{(j)}\right)^{\sum_{j=d-1}^{d} \alpha_j - 1} \mathrm{d}x^{(d-2)}$$

$$= \left(1 - \sum_{j=1}^{d-3} x^{(j)}\right)^{\sum_{j=d-2}^{d} \alpha_j - 1} B\left(\alpha_{d-2}, \sum_{j=d-1}^{d} \alpha_j\right)$$

と計算できます.これを繰り返すと,

$$B_d(\boldsymbol{\alpha}) = \prod_{j=1}^{d-1} B\left(\alpha_j, \sum_{j'=j+1}^{d} \alpha_{j'}\right) \tag{5.21}$$

が得られます.これに,式 (3.24) で示した

$$B(\alpha, \beta) = \frac{\Gamma(\alpha)\Gamma(\beta)}{\Gamma(\alpha+\beta)}$$

を適用すると,d 次元ベータ関数はガンマ関数を用いて

$$B_d(\boldsymbol{\alpha}) = \prod_{j=1}^{d-1} \frac{\Gamma(\alpha_j)\Gamma\left(\sum_{j'=j+1}^{d} \alpha_{j'}\right)}{\Gamma\left(\sum_{j'=j}^{d} \alpha_{j'}\right)} = \frac{\prod_{j=1}^{d} \Gamma(\alpha_j)}{\Gamma(\alpha_0)} \tag{5.22}$$

と表せます.ただし,

$$\alpha_0 = \sum_{j=1}^{d} \alpha_j \tag{5.23}$$

とおきました.

$d=2$ のとき $x^{(2)} = 1 - x^{(1)}$ であることに注意すれば,ディリクレ分布は 3.4 節で紹介したベータ分布

$$f(x) = \frac{x^{\alpha_1 - 1}(1-x)^{\alpha_2 - 1}}{B(\alpha_1, \alpha_2)} \tag{5.24}$$

と一致します.そのため,ディリクレ分布はベータ分布の多次元拡張とみなせます.

ディリクレ分布 $\mathrm{Dir}(\boldsymbol{\alpha})$ の期待値は,

$$E[x^{(j)}] = \frac{\int x^{(j)} \prod_{j'=1}^{d} (x^{(j')})^{\alpha_{j'}-1} \mathrm{d}x^{(j)}}{B_d(\boldsymbol{\alpha})}$$

$$= \frac{B_d(\alpha_1, \ldots, \alpha_{j-1}, \alpha_j+1, \alpha_{j+1}, \ldots, \alpha_d)}{B_d(\alpha_1, \ldots, \alpha_{j-1}, \alpha_j, \alpha_{j+1}, \ldots, \alpha_d)}$$

$$= \frac{\Gamma(\alpha_1)\cdots\Gamma(\alpha_{j-1})\Gamma(\alpha_j+1)\Gamma(\alpha_{j+1})\cdots\Gamma(\alpha_d) \times \Gamma(\alpha_0)}{\Gamma(\alpha_0+1) \times \Gamma(\alpha_1)\cdots\Gamma(\alpha_{j-1})\Gamma(\alpha_j)\Gamma(\alpha_{j+1})\cdots\Gamma(\alpha_d)}$$

$$= \frac{\Gamma(\alpha_j+1)\Gamma(\alpha_0)}{\Gamma(\alpha_0+1)\Gamma(\alpha_j)} = \frac{\alpha_j \Gamma(\alpha_j)\Gamma(\alpha_0)}{\alpha_0 \Gamma(\alpha_0)\Gamma(\alpha_j)}$$

$$= \frac{\alpha_j}{\alpha_0} \tag{5.25}$$

で与えられます．分散と共分散も，同様な計算をすれば，

$$\mathrm{Cov}[x^{(j)}, x^{(j')}] = \begin{cases} \dfrac{\alpha_j(\alpha_0 - \alpha_j)}{\alpha_0^2(\alpha_0+1)} & （分散：j = j'） \\ -\dfrac{\alpha_j \alpha_{j'}}{\alpha_0^2(\alpha_0+1)} & （共分散：j \neq j'） \end{cases} \tag{5.26}$$

で与えられることが確認できます．

$d = 3$ に対するディリクレ分布 $\mathrm{Dir}(\boldsymbol{\alpha})$ の確率密度関数を図5.3に示します．$\alpha_1, \alpha_2, \alpha_3$ が等しいとき，各要素が1より小さければ三角形の頂点で確率密度が大きくなり，各要素が1ならば確率密度は一様になり，各要素が1より大きければ三角形の中央で確率密度が大きくなります．$\alpha_1, \alpha_2, \alpha_3$ が不均一のときは，大きな α_j に対応する頂点に確率密度が集中していく傾向があります．

5.4 ウィシャート分布

d 次元正規分布 $N(\mathbf{0}, \boldsymbol{\Sigma})$ に独立に従う n 個の確率変数 $\boldsymbol{x}_1, \ldots, \boldsymbol{x}_n$ の**散布行列**（scatter matrix）

$$\boldsymbol{S} = \sum_{i=1}^{n} \boldsymbol{x}_i \boldsymbol{x}_i^\top \tag{5.27}$$

を考えましょう．ただし，$n \geq d$ と仮定します．この散布行列 $\boldsymbol{S}$ が従う確率分布を自由度 n の**ウィシャート分布**（Wishart distribution）とよび，

62　Chapter 5　多次元確率分布の例

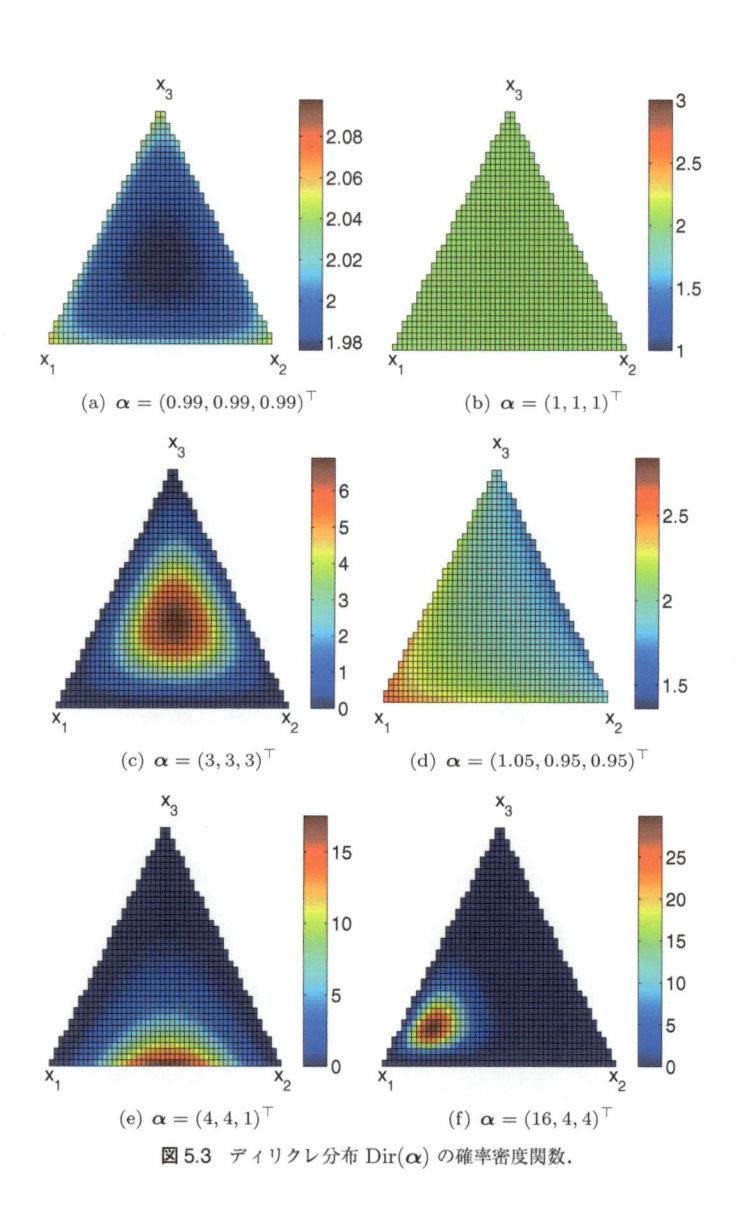

(a) $\boldsymbol{\alpha} = (0.99, 0.99, 0.99)^\top$

(b) $\boldsymbol{\alpha} = (1, 1, 1)^\top$

(c) $\boldsymbol{\alpha} = (3, 3, 3)^\top$

(d) $\boldsymbol{\alpha} = (1.05, 0.95, 0.95)^\top$

(e) $\boldsymbol{\alpha} = (4, 4, 1)^\top$

(f) $\boldsymbol{\alpha} = (16, 4, 4)^\top$

図 5.3　ディリクレ分布 $\mathrm{Dir}(\boldsymbol{\alpha})$ の確率密度関数.

$W(\boldsymbol{\Sigma}, d, n)$ と表記します．ウィシャート分布 $W(\boldsymbol{\Sigma}, d, n)$ の確率密度関数は

$$f(\boldsymbol{S}) = \frac{\det(\boldsymbol{S})^{\frac{n-d-1}{2}} \exp\left(-\frac{1}{2}\mathrm{tr}\left(\boldsymbol{\Sigma}^{-1}\boldsymbol{S}\right)\right)}{\det(2\boldsymbol{\Sigma})^{\frac{n}{2}} \Gamma_d(\frac{n}{2})} \tag{5.28}$$

で与えられます．ここで，$\det(\cdot)$ は行列式，$\mathrm{tr}(\cdot)$ は行列のトレース，$\Gamma_d(\cdot)$ は d 次元の**ガンマ関数**

$$\Gamma_d(a) = \int_{\boldsymbol{S} \in \mathbb{S}_d^+} \det(\boldsymbol{S})^{a-\frac{d+1}{2}} \exp\left(-\mathrm{tr}(\boldsymbol{S})\right) \mathrm{d}\boldsymbol{S} \tag{5.29}$$

を表し，$\mathbb{S}_d^+$ は $d \times d$ の正定値対称行列の集合を表します．

$\boldsymbol{\Sigma} = \frac{1}{2}\boldsymbol{I}$ のとき，d 次元ガンマ分布の定義より

$$\int_{\boldsymbol{S} \in \mathbb{S}_d^+} f(\boldsymbol{S}) \mathrm{d}\boldsymbol{S} = 1 \tag{5.30}$$

が成り立ちます．任意の $\boldsymbol{\Sigma} \in \mathbb{S}_d^+$ に対して式 (5.30) が成り立つことは，$\boldsymbol{S}$ を $\frac{1}{2}\boldsymbol{\Sigma}^{-1}\boldsymbol{S}$ に変数変換（memo 3.2）したときのヤコビアンが $\det(2\boldsymbol{\Sigma})^{\frac{d+1}{2}}$ で与えられることから確認できます．

d 次元ガンマ関数 $\Gamma_d(\cdot)$ は，1 次元のガンマ関数 $\Gamma(\cdot)$ を用いて

$$\begin{aligned}\Gamma_d(a) &= \pi^{\frac{d(d-1)}{4}} \prod_{j=1}^d \Gamma\left(a + \frac{1-j}{2}\right) \\ &= \pi^{\frac{d-1}{2}} \Gamma_{d-1}(a) \Gamma\left(a + \frac{1-d}{2}\right) \end{aligned} \tag{5.31}$$

と表せることが知られています．このことから，ウィシャート分布はガンマ分布の多次元拡張とみなせることがわかります．$d=1$ のとき $\boldsymbol{S}$ と $\boldsymbol{\Sigma}$ はともにスカラーになり，$S = x$ および $\Sigma = 1$ とおけば，確率密度関数は

$$f(x) = \frac{x^{\frac{n}{2}-1} \exp\left(-\frac{x}{2}\right)}{2^{\frac{n}{2}} \Gamma\left(\frac{n}{2}\right)} \tag{5.32}$$

と表せます．これは，3.3 節で紹介した自由度 n のカイ二乗分布 $\chi^2(n)$ と一致します．

ウィシャート分布 $W(\boldsymbol{\Sigma}, d, n)$ の積率母関数は，$\boldsymbol{S}$ を $(\frac{1}{2}\boldsymbol{\Sigma}^{-1} - \boldsymbol{T})\boldsymbol{S}$ と変数変換することにより，

> $m \times n$ 行列 $A = (a_1, \ldots, a_n)$ を mn 次元ベクトルに変換する作用素
> $$\text{vec}(A) = (a_1^\top, \ldots, a_n^\top)^\top$$
> をベクトル化作用素（**vectorization operator**）とよびます．$m \times n$ 行列 A と $p \times q$ 行列 B を $mp \times nq$ 行列に変換する作用素
> $$A \otimes B = \begin{pmatrix} a_{1,1} B & \cdots & a_{1,n} B \\ \vdots & \ddots & \vdots \\ a_{m,1} B & \cdots & a_{m,n} B \end{pmatrix}$$
> をクロネッカー積（**Kronecker product**）とよびます．ベクトル化作用素とクロネッカー積は，以下のような性質を満たします．
> $$\begin{aligned} \text{vec}(ABC) &= (C^\top \otimes A)\text{vec}(B) \\ &= (I \otimes AB)\text{vec}(C) \\ &= (C^\top B^\top \otimes I)\text{vec}(A) \\ (A \otimes B)^{-1} &= A^{-1} \otimes B^{-1} \\ (A \otimes B)(C \otimes D) &= (AC \otimes BD) \\ \text{tr}(A \otimes B) &= \text{tr}(A)\text{tr}(B) \\ \text{tr}(AB) &= \text{vec}(A^\top)^\top \text{vec}(B) \\ \text{tr}(ABCD) &= \text{vec}(A^\top)^\top (D^\top \otimes B)\text{vec}(C) \end{aligned}$$
> これらの公式を活用すれば大きな行列の計算を避けられ，計算量が大幅に削減できます．

memo 5.2 行列のベクトル化作用素とクロネッカー積．

$$\begin{aligned} M_S(T) = E[e^{\text{tr}(TS)}] &= \int_{S \in \mathbb{S}_d^+} \frac{\det(S)^{\frac{n-d-1}{2}} \exp\left(-\text{tr}\left(\left(\frac{1}{2}\Sigma^{-1} - T\right)S\right)\right)}{2^{\frac{dn}{2}} \det(\Sigma)^{\frac{n}{2}} \Gamma_d\left(\frac{n}{2}\right)} dS \\ &= \det(I - 2T\Sigma)^{-\frac{n}{2}} \end{aligned} \tag{5.33}$$

で与えられることがわかります．また，その期待値 $E[S]$ および分散共分散行列 $V[\text{vec}(S)]$ は，

$$E[S] = n\Sigma, \quad V[\text{vec}(S)] = 2n\Sigma \otimes \Sigma \tag{5.34}$$

で与えられることが知られています．ここで，vec はベクトル化作用素，$\otimes$ はクロネッカー積をそれぞれ表します（memo 5.2）．

Chapter 6

任意の確率分布に従う標本の生成

> 大抵の計算機言語には,連続一様分布や正規分布に擬似的に従う標本を生成する関数が用意されています.しかし,第2章,第3章,第5章で示したように,連続一様分布や正規分布以外にもさまざまな確率分布が存在します.本章では,任意の確率密度関数 $f(x)$ を持つ標本を連続一様分布に従う標本から生成する方法を紹介します.

6.1 逆関数法

逆関数法(inverse transform sampling)は1次元の標本生成法であり,累積分布関数 $u = F(x)$ の逆関数 $x = F^{-1}(u)$ を用います.

具体的には,連続一様分布 $U(0,1)$ に従う標本 u を生成し,$x = F^{-1}(u)$ と変換します(図6.1).$a \leq b$ に対して $F(a) \leq F(b)$ であること,および,u が連続一様分布 $U(0,1)$ に従うことから,こうして得られた x は任意の v に対して

$$\Pr(x \leq v) = \Pr(F^{-1}(u) \leq v) = \Pr(u \leq F(v)) = \int_0^{F(v)} du$$
$$= F(v) \tag{6.1}$$

を満たします.これより,x は確率密度 $f(x)$ を持つことがわかります.

例えば,3.5節で紹介したラプラス分布の確率密度関数 $f(x)$,累積分布関

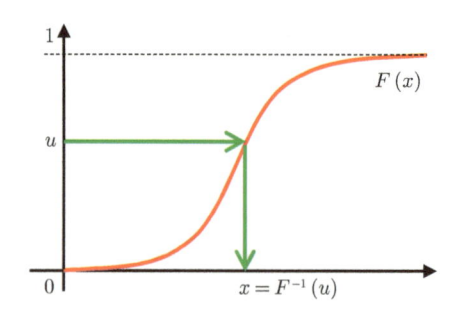

図 6.1　逆関数法.

数 $F(x)$，および，その逆関数 $F^{-1}(u)$ は，

$$f(x) = \frac{1}{2}e^{-|x|}$$

$$F(x) = \frac{1}{2}\Big(1 + \text{sign}(x)\Big(1 - e^{-|x|}\Big)\Big)$$

$$F^{-1}(u) = -\text{sign}\left(u - \frac{1}{2}\right)\log\left(1 - 2\left|u - \frac{1}{2}\right|\right)$$

で与えられます（図 6.2）．ただし，$\text{sign}(x)$ は，$x > 0$ ならば $+1$，$x = 0$ ならば 0，$x < 0$ ならば -1 を出力する**符号関数（sign function）**です．逆関数法の実行例を図 6.3 に示します．

　逆関数法では，このような簡単な変換を行うだけで任意の確率分布に従う標本を生成できます．しかし，1 次元の確率分布にしか適用できないという制限があり，また，確率分布によっては累積分布関数の逆関数を求めるのが困難な場合もあります．

6.2　棄却法

　棄却法（rejection sampling）は逆関数法よりも実装が簡単で，多次元の確率分布にも適用できる標本生成法です．棄却法では，標本を生成したい確率分布の確率密度関数 $f(\boldsymbol{x})$ が，既知の上限 M を持つと仮定します．

　$f(\boldsymbol{x})$ が有限領域 $\mathcal{R}$ 上で定義される場合を考えましょう．棄却法では，まず領域 $\mathcal{R}$ 上の連続一様分布に従う**提案点（proposal point）**$\boldsymbol{x}$ を生成します．

(a) 確率密度関数 $f(x)$

(b) 累積分布関数 $F(x)$

(c) 累積分布の逆関数 $F^{-1}(u)$

図 6.2　ラプラス分布.

(a) 発生させた一様乱数

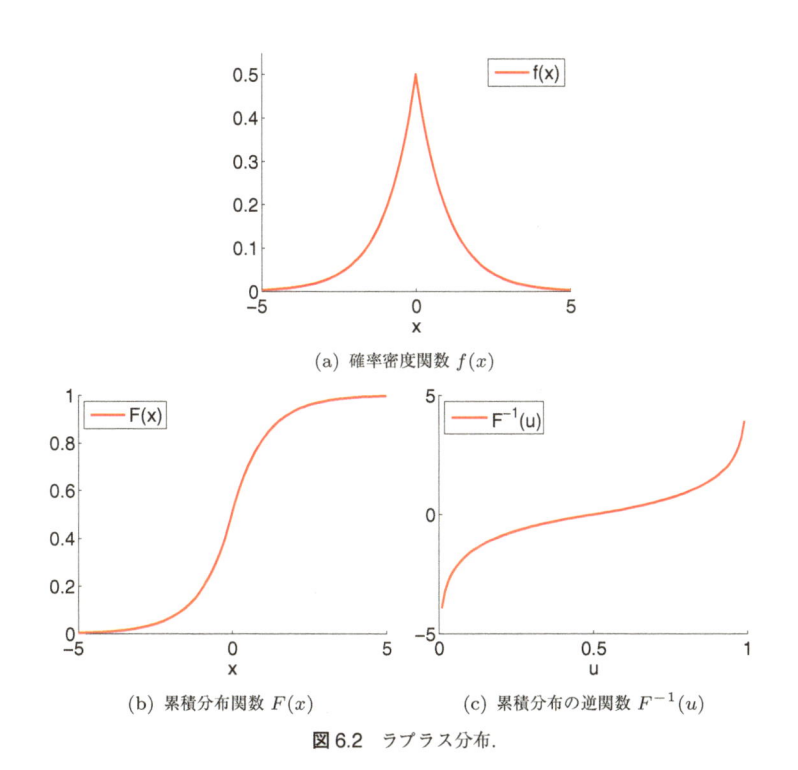

(b) 得られたラプラス乱数

図 6.3　ラプラス分布に対する逆関数法の実行例.

そして，連続一様分布 $U(0, M)$ に従う標本 u を生成し，$u \leq f(\boldsymbol{x})$ ならば提案点 $\boldsymbol{x}$ を**採択**（accept）します．$u > f(\boldsymbol{x})$ ならば提案点 $\boldsymbol{x}$ を**棄却**（reject）し，採択される標本が生成されるまでこの手順を繰り返します．こうして採択された標本 $\boldsymbol{x}$ が確率密度 $f(\boldsymbol{x})$ を持つことは，図 6.4 より明らかです．

このように棄却法は実装が非常に簡単であり，また，多次元の確率分布にもそのまま適用できます．しかし，確率密度関数 $f(\boldsymbol{x})$ が鋭い形状を持ち上限 M が大きいときは，提案点が棄却される割合が大きくなり標本の生成に時間がかかるという問題があります（図 6.5）．

上記の棄却法のアルゴリズムでは有限領域に定義される確率分布を考えましたが，確率分布が無限領域に定義される場合は連続一様分布に従う提案点 $\boldsymbol{x}$ を生成できません．このような場合は，無限領域に定義される既知の確率

(a) 発生させた一様乱数　　(b) 得られた乱数

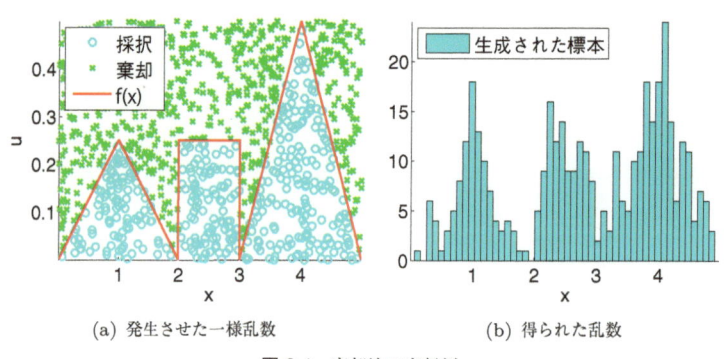

図 6.4　棄却法の実行例．

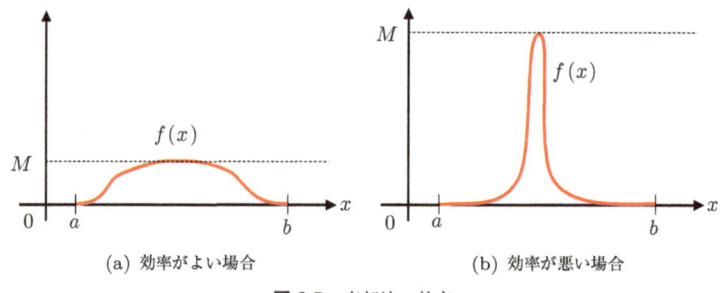

(a) 効率がよい場合　　(b) 効率が悪い場合

図 6.5　棄却法の効率．

密度 $g(\boldsymbol{x})$ に従って提案点 $\boldsymbol{x}$ を生成し，連続一様分布

$$U\left(0, \max_{\boldsymbol{x}'} \frac{f(\boldsymbol{x}')}{g(\boldsymbol{x}')}\right) \tag{6.2}$$

に従う標本 u の値が

$$\frac{f(\boldsymbol{x})}{g(\boldsymbol{x})} \tag{6.3}$$

より小さいかどうかで提案点 $\boldsymbol{x}$ を採択するかどうかを判定します．

6.3 マルコフ連鎖モンテカルロ法

棄却法の計算には，確率密度 $f(\boldsymbol{x})$ の上限 M の値が必要です．**マルコフ連鎖モンテカルロ法**（Markov chain Monte Carlo method）は，上限がわからなくても計算できる方法です．時間とともに変化する確率変数を**確率過程**（stochastic process）とよび，ある時刻 t での標本 $\boldsymbol{x}_t$ が 1 つ前の標本 $\boldsymbol{x}_{t-1}$ だけに依存する確率過程をマルコフ連鎖とよびます．モンテカルロ法とは，乱数を用いてシミュレーションを行う手法の総称で，モナコ公国にあるカジノの名前に由来します．

メトロポリス・ヘイスティングス法（Metropolis-Hastings method）は，代表的なマルコフ連鎖モンテカルロ法の 1 つです．第 t ステップで，1 つ前の標本 $\boldsymbol{x}_{t-1}$ に依存する確率密度関数 $g(\boldsymbol{x}|\boldsymbol{x}_{t-1})$ に従って提案点 $\boldsymbol{x}_t$ を発生させます．提案点を発生させる確率分布のことを**提案分布**（proposal distribution）とよびます．そして，連続一様分布 $U(0,1)$ に従う標本 u の値が

$$\frac{f(\boldsymbol{x}_t)g(\boldsymbol{x}_{t-1}|\boldsymbol{x}_t)}{f(\boldsymbol{x}_{t-1})g(\boldsymbol{x}_t|\boldsymbol{x}_{t-1})} \tag{6.4}$$

より小さいかどうかで，提案点 $\boldsymbol{x}_t$ を採択するかどうかを判定します．提案分布は，例えば期待値が $\boldsymbol{x}_{t-1}$ の正規分布

$$g(\boldsymbol{x}|\boldsymbol{x}_{t-1}) = \frac{1}{(2\pi\sigma^2)^{d/2}} \exp\left(-\frac{(\boldsymbol{x}-\boldsymbol{x}_{t-1})^\top(\boldsymbol{x}-\boldsymbol{x}_{t-1})}{2\sigma^2}\right)$$

を用います．ここで d は $\boldsymbol{x}$ の次元数，σ^2 は分散を表します．正規分布に対

しては対称性
$$g(\boldsymbol{x}|\boldsymbol{x}') = g(\boldsymbol{x}'|\boldsymbol{x})$$
が成り立つため，式 (6.4) のしきい値は
$$\frac{f(\boldsymbol{x}_t)}{f(\boldsymbol{x}_{t-1})} \tag{6.5}$$
と簡略化できます．

ギブスサンプリング法（**Gibbs sampler**）は，次元ごとに標本生成を行うマルコフ連鎖モンテカルロ法です．第 t ステップにおいて $j=1,\ldots,d$ に対して，1つ前の標本 $\boldsymbol{x}_{t-1} = (x_{t-1}^{(1)}, \ldots, x_{t-1}^{(d)})^\top$ に依存する確率密度関数
$$g(x^{(j)}|x_t^{(1)}, \ldots, x_t^{(j-1)}, x_{t-1}^{(j+1)}, \ldots, x_{t-1}^{(d)})$$
に従って提案点の j 次元目の値 $x_t^{(j)}$ を発生させます．ただし，上記の条件付き確率は
$$g(x^{(j)}|x_{t-1}^{(1)}, \ldots, x_{t-1}^{(j-1)}, x_{t-1}^{(j+1)}, \ldots, x_{t-1}^{(d)})$$
のように1つ前の標本 $\boldsymbol{x}_{t-1}$ の値をそのまま用いるのではなく，$j-1$ 次元目までの値は新しく発生させた値 $x_t^{(1)}, \ldots, x_t^{(j-1)}$ を用います．各次元 j ごとに標本を生成するのではなく，いくつかの次元をまとめて同時に標本生成する手法を**ブロック化ギブスサンプリング法**（**blocked Gibbs sampler**）といいます．また，条件変数
$$x_t^{(1)}, \ldots, x_t^{(j-1)}, \quad x_{t-1}^{(j+1)}, \ldots, x_{t-1}^{(d)}$$
のいくつかを周辺化する手法を**崩壊型ギブスサンプリング法**（**collapsed Gibbs sampler**）といいます．

棄却法と異なり，マルコフ連鎖モンテカルロ法で生成される標本は互いに独立ではなく，有限ステップでは初期値 $\boldsymbol{x}_0$ の選び方に解が依存します．そこで，生成したすべての標本 $\boldsymbol{x}_1, \boldsymbol{x}_2, \ldots$ を用いずに m 個おきの値だけを用いたり，$\boldsymbol{x}_0$ への依存性が特に強い初期の標本を破棄する**焼入れ**（**burn-in**）を行ったりすることもあります．

マルコフ連鎖モンテカルロ法のさらなる詳細は，例えば文献 [3,6] で説明されています．

Chapter 7

独立な確率変数の和の確率分布

本章では，独立な確率変数の和および平均値（memo 7.1）の振る舞いについて議論します．具体的には，畳み込みや再生性などの概念を導入したあと，大数の法則や中心極限定理など標本数が大きい場合の平均値の振る舞いを説明します．

7.1 畳み込み

独立な離散型確率変数 x と y の和 $z = x + y$ を考えます．$x + y = z$ となるのは $y = z - x$ のときなので，x と $z - x$ の出現確率をすべての x について足し合わせれば，z の出現確率が得られます．例えば，6面体のサイコロ 2 個の出る目 x と y の和 z が 7 のとき，それぞれのさいころの値は

$$(x, y) = (1, 6), (2, 5), (3, 4), (4, 3), (5, 2), (6, 1)$$

のいずれかであり，これらの出現確率を足し合わせることによって z の出現確率が求められます．

z の確率質量関数 $k(z)$ は，x と y の確率質量関数 $g(x)$ と $h(y)$ を用いて

$$k(z) = \sum_x g(x) h(z - x) \tag{7.1}$$

と求められます．これを x と y の**畳み込み**（**convolution**）とよび，$x * y$

> 標本 $x_1,\ldots,x_n$ の平均値といえば通常は**算術平均**（arithmetic mean）を指しますが，それ以外にも**幾何平均**（geometric mean）や**調和平均**（harmonic mean）がしばしば用いられます．
>
> $$\text{算術平均}:\frac{1}{n}\sum_{i=1}^{n}x_i,\quad \text{幾何平均}:\left(\prod_{i=1}^{n}x_i\right)^{\frac{1}{n}},\quad \text{調和平均}:\frac{1}{\frac{1}{n}\sum_{i=1}^{n}\frac{1}{x_i}}$$
>
> 例えば，体重が過去3年でそれぞれ 2％，12％，4％増加したとき，平均増加率はそれらの算術平均 $(0.02+0.12+0.04)/3=0.06$ ではなく，幾何平均 $(1.02\times 1.12\times 1.04)^{\frac{1}{3}}\approx 1.0591$ で与えられます．また，行きは時速2キロ，帰りは時速6キロで山登りをしたとき，平均時速はそれらの算術平均 $(2+6)/2=4$ キロではなく，速さ＝道のり/時間 の関係から道のり d に対して調和平均 $2d/(\frac{d}{2}+\frac{d}{6})=3$ で与えられます．$x_1,\ldots,x_n>0$ のとき，算術平均，幾何平均，調和平均は
>
> $$\frac{1}{n}\sum_{i=1}^{n}x_i \geq \left(\prod_{i=1}^{n}x_i\right)^{\frac{1}{n}} \geq \frac{1}{\frac{1}{n}\sum_{i=1}^{n}\frac{1}{x_i}}$$
>
> を満たし，等号成立のための必要十分条件は $x_1=\cdots=x_n$ です．**一般化平均**（generalized mean）は，$p\neq 0$ に対して
>
> $$\left(\frac{1}{n}\sum_{i=1}^{n}x_i^p\right)^{\frac{1}{p}}$$
>
> と定義され，算術平均は $p=1$，幾何平均は $p\to 0$，調和平均は $p=-1$ にそれぞれ対応します．また，$p\to +\infty$ のときは $x_1,\ldots,x_n$ の最大値，$p\to -\infty$ のときは $x_1,\ldots,x_n$ の最小値を与え，$p=2$ のときは**二乗平均平方根**（root mean square）とよびます．

memo 7.1　算術平均，幾何平均，調和平均．

と表記します．x と y が連続型確率変数の場合も同様に，x と y の確率密度関数 $g(x)$ と $h(y)$ を用いて，$z=x+y$ の確率密度関数 $k(z)$ が

$$k(z)=\int g(x)h(z-x)\mathrm{d}x \tag{7.2}$$

と求められます．

7.2 再生性

同じ種類の確率分布の畳み込みの結果が再び同じ種類の確率分布になると

き，その確率分布は**再生的**（**reproductive**）であるといいます．例えば，正規分布は再生的です．

- 正規分布 $N(\mu_x, \sigma_x^2)$ と $N(\mu_y, \sigma_y^2)$ の畳み込み：$N(\mu_x + \mu_y, \sigma_x^2 + \sigma_y^2)$

x と y が独立なとき，これらの和 $x + y$ の積率母関数 $M_{x+y}(t)$ は，それぞれの積率母関数の積 $M_x(t) M_y(t)$ と一致します．正規分布 $N(\mu_x, \sigma_x^2)$ の積率母関数は

$$M_x(t) = \exp\left(\mu_x t + \frac{\sigma_x^2 t^2}{2}\right) \tag{7.3}$$

で与えられることから，$N(\mu_x, \sigma_x^2)$ と $N(\mu_y, \sigma_y^2)$ に独立に従う x と y の和 $x + y$ の積率母関数 $M_{x+y}(t)$ は

$$\begin{aligned}
M_{x+y}(t) &= M_x(t) M_y(t) \\
&= \exp\left(\mu_x t + \frac{\sigma_x^2 t^2}{2}\right) \exp\left(\mu_y t + \frac{\sigma_y^2 t^2}{2}\right) \\
&= \exp\left((\mu_x + \mu_y)t + \frac{(\sigma_x^2 + \sigma_y^2)t^2}{2}\right)
\end{aligned} \tag{7.4}$$

で与えられ，正規分布 $N(\mu_x + \mu_y, \sigma_x^2 + \sigma_y^2)$ の積率母関数と一致することがわかります．これにより，正規分布の再生性が証明できました．

同様に，独立な x と y の和 $x + y$ の積率母関数 $M_{x+y}(t)$ を計算することにより，

- 二項分布 $\mathrm{Bi}(n_x, p)$ と $\mathrm{Bi}(n_y, p)$ の畳み込み：$\mathrm{Bi}(n_x + n_y, p)$
- ポアソン分布 $\mathrm{Po}(\lambda_x)$ と $\mathrm{Po}(\lambda_y)$ の畳み込み：$\mathrm{Po}(\lambda_x + \lambda_y)$
- 負の二項分布 $\mathrm{NB}(k_x, p)$ と $\mathrm{NB}(k_y, p)$ の畳み込み：$\mathrm{NB}(k_x + k_y, p)$
- ガンマ分布 $\mathrm{Ga}(\alpha_x, \lambda)$ と $\mathrm{Ga}(\alpha_y, \lambda)$ の畳み込み：$\mathrm{Ga}(\alpha_x + \alpha_y, \lambda)$
- カイ二乗分布 $\chi^2(n_x)$ と $\chi^2(n_y)$ の畳み込み：$\chi^2(n_x + n_y)$

などの再生性が証明できます．コーシー分布は積率母関数を持たないため，代わりに特性関数 $\varphi_x(t) = M_{ix}(t)$ を用いれば，再生性を証明できます．

- コーシー分布 $\mathrm{Ca}(a_x, b_x)$ と $\mathrm{Ca}(a_y, b_y)$ の畳み込み：$\mathrm{Ca}(a_x + a_y, b_x + b_y)$

一方，幾何分布 Ge(p)（負の二項分布 NB($1, p$) と等価）や指数分布 Exp(λ)（ガンマ分布 Ga($1, \lambda$) と等価）は，p や λ に対する再生性を持ちません．

7.3 大数の法則

確率変数 $x_1, \ldots, x_n$ の同時確率質量関数あるいは同時確率密度関数 $f(x_1, \ldots, x_n)$ が，ある確率質量関数あるいは確率密度関数 $g(x)$ を用いて

$$f(x_1, \ldots, x_n) = g(x_1) \times \cdots \times g(x_n) \tag{7.5}$$

と表せるとき，$x_1, \ldots, x_n$ は $g(x)$ を確率質量関数あるいは確率密度関数として持つ同一の確率分布に独立に従います．このとき，$x_1, \ldots, x_n$ は**独立同一分布**（independent and identically distributed，略して **i.i.d.**）に従うといい，$x_1, \ldots, x_n \overset{\text{i.i.d.}}{\sim} g(x)$ と表記します．

$x_1, \ldots, x_n$ が，期待値が μ で分散が σ^2 の独立同一分布に従うとき，$x_1, \ldots, x_n$ の平均 $\overline{x} = \frac{1}{n} \sum_{i=1}^{n} x_i$ に対して

$$E[\overline{x}] = \frac{1}{n} \sum_{i=1}^{n} E[x_i] = \mu, \quad V[\overline{x}] = \frac{1}{n^2} \sum_{i=1}^{n} V[x_i] = \frac{\sigma^2}{n} \tag{7.6}$$

が成り立ちます．これより，標本平均 $\overline{x}$ の期待値はもとの標本と変わりませんが，分散は $1/n$ 倍されることがわかります．したがって，標本数 n を無限大に増加させていくと分散がゼロになり，標本平均 $\overline{x}$ は期待値 μ に収束します．

大数の弱法則（weak law of large numbers）はこれを厳密に示すものです．もとの確率分布が期待値 μ を持つとき，独立標本の平均 $\overline{x}$ の特性関数 $\varphi_{\overline{x}}(t)$ は単一の標本 x の特性関数 $\varphi_x(t)$ を用いて

$$\varphi_{\overline{x}}(t) = \left[\varphi_x \left(\frac{t}{n} \right) \right]^n = \left[1 + i\mu \frac{t}{n} + \cdots \right]^n \tag{7.7}$$

と表せます．ここで上式の $n \to \infty$ での極限を考えれば，式 (2.21) に示したオイラー数 e の定義より

$$\lim_{n \to \infty} \varphi_{\overline{x}}(t) = e^{it\mu} \tag{7.8}$$

が得られます．$e^{it\mu}$ は定数 μ の特性関数であることから，任意の $\varepsilon > 0$ に対

(a) 標準正規分布 $N(0,1)$ (b) 標準コーシー分布 $\text{Ca}(0,1)$

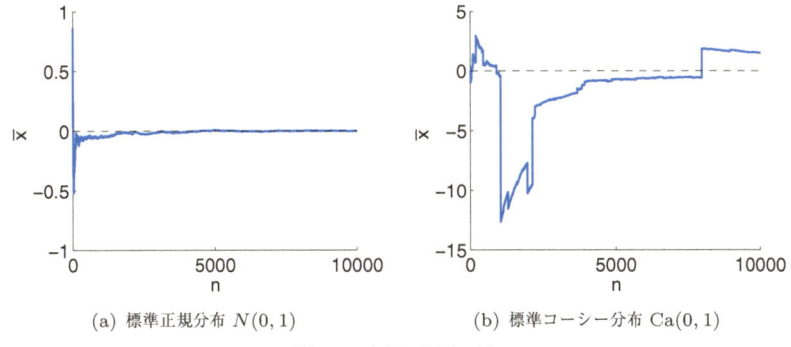

図 7.1　大数の法則の例．

して
$$\lim_{n\to\infty} \Pr(|\overline{x} - \mu| < \varepsilon) = 1 \tag{7.9}$$

が成り立ちます．これが大数の弱法則であり，$\overline{x}$ が μ に**確率収束**（convergence in probability）するといいます．もとの確率分布が期待値だけでなく分散も持つことを仮定すれば，8.2.2 項で説明するチェビシェフの不等式 (8.9) において $n \to \infty$ の極限を考えることにより，大数の弱法則をより簡単に証明できます．

大数の強法則（strong law of large numbers）は
$$\Pr\left(\lim_{n\to\infty} \overline{x} = \mu\right) = 1 \tag{7.10}$$

が成り立つことを示すものであり，$\overline{x}$ が μ に**概収束**（almost sure convergence）するといいます．概収束は確率収束よりも直接的で強い概念です．

$x_1, \ldots, x_n$ が標準正規分布 $N(0,1)$，および，標準コーシー分布 $\text{Ca}(0,1)$ に独立に従うときの平均 $\overline{x} = \frac{1}{n}\sum_{i=1}^{n} x_i$ の振る舞いを図 7.1 に示します．この図より，期待値を持つ正規分布に対しては，n の増加にともなって平均値 $\overline{x}$ が期待値 0 に確かに収束していくことがわかります．一方，期待値を持たないコーシー分布に対しては，n を増加させても標本平均 $\overline{x}$ には収束しません．

7.4 中心極限定理

7.2 節で説明したように，正規分布に独立に従う標本の平均 $\bar{x}$ は正規分布に従います．それでは，正規分布以外の確率分布に独立に従う標本の平均 $\bar{x}$ は，どのような確率分布に従うでしょうか．図 7.2, 図 7.3, 図 7.4 に，連続一様分布 $U(0,1)$, 指数分布 $\mathrm{Exp}(1)$, 図 6.4 で用いた確率分布に対する標本平均 $\bar{x}$ のヒストグラム，および，同じ期待値と分散を持つ正規分布の確率密度関数を示します．これらより，標本数 n が増えるに従って，標本平均の確率分布は正規分布に近づいていくことがわかります．

これを厳密に示したものが**中心極限定理**（central limit theorem）であり，標本平均 $\bar{x}$ を標準化した

$$z = \frac{\bar{x} - \mu}{\sigma/\sqrt{n}} \tag{7.11}$$

に対して

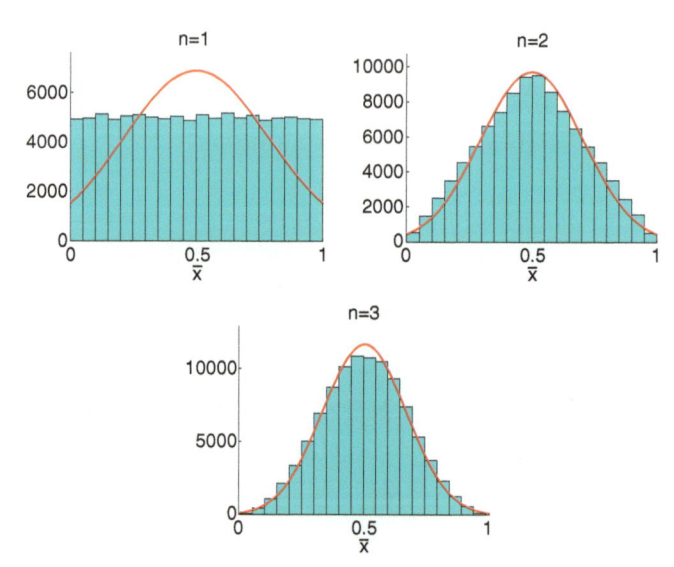

図 7.2 連続一様分布 $U(0,1)$ に対する中心極限定理の例．実線は正規分布の確率密度関数を表します．

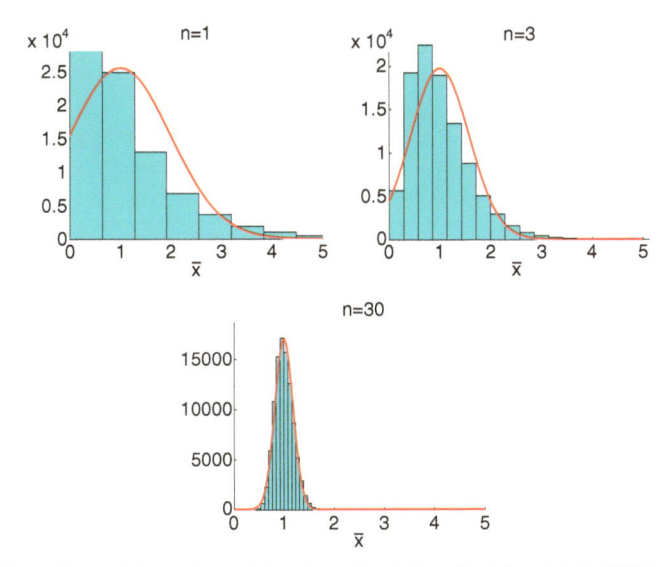

図 7.3 指数分布 $\mathrm{Exp}(1)$ に対する中心極限定理の例．実線は正規分布の確率密度関数を表します．

$$\lim_{n\to\infty} \Pr(a \leq z \leq b) = \int_a^b \frac{1}{\sqrt{2\pi}} e^{-x^2/2} \mathrm{d}x \tag{7.12}$$

が成り立ちます．右辺は標準正規分布の確率密度関数を a から b まで積分したものであることから，z は $n \to \infty$ の極限で標準正規分布に従います．これを，z が標準正規分布に**法則収束**（**convergence in law**）する，あるいは，**分布収束**（**convergence in distribution**）するといいます．また，z は漸近的（asymptotically）に標準正規分布に従う，あるいは，**漸近正規性**（**asymptotic normality**）を持つともいいます．より直感的には，期待値 μ と分散 σ^2 を持つ限り，もとの確率分布が何であろうと，標本数 n が十分に大きいときには，標本平均 $\bar{x}$ は正規分布 $N(\mu, \sigma^2/n)$ にだいたい従います．

ある確率変数が標準正規分布に従うことは，その積率母関数が $e^{t^2/2}$ で与えられることと等価です．そこで以下では，$z = \frac{\bar{x} - \mu}{\sigma/\sqrt{n}}$ の積率母関数が $e^{t^2/2}$ で与えられることを示します．まず，$y_i = \frac{x_i - \mu}{\sigma}$ とおき，z を

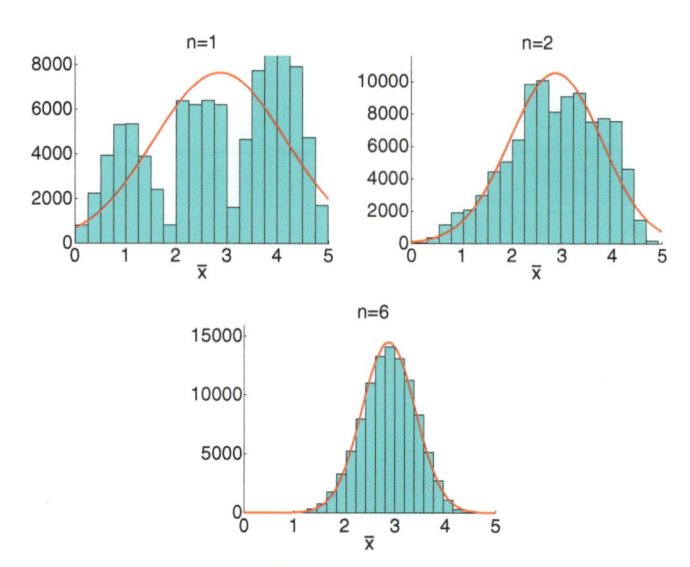

図 7.4 図 6.4 で用いた確率分布に対する中心極限定理の例．実線は正規分布の確率密度関数を表します．

$$z = \frac{1}{\sqrt{n}} \sum_{i=1}^{n} \frac{x_i - \mu}{\sigma} = \frac{1}{\sqrt{n}} \sum_{i=1}^{n} y_i \tag{7.13}$$

と表現します．y_i は期待値が 0 で分散が 1 であることから，y_i の積率母関数は

$$M_{y_i}(t) = 1 + \frac{1}{2}t^2 + \cdots \tag{7.14}$$

で与えられます．これより，z の積率母関数は

$$M_z(t) = \left[M_{y_i/\sqrt{n}}(t)\right]^n = \left[M_{y_i}\left(\frac{t}{\sqrt{n}}\right)\right]^n = \left[1 + \frac{t^2}{2n} + \cdots\right]^n \tag{7.15}$$

と表せます．ここで上式の $n \to \infty$ での極限を考えれば，式 (2.21) に示したオイラー数 e の定義より，

$$\lim_{n \to \infty} M_z(t) = e^{t^2/2} \tag{7.16}$$

が得られ，z が標準正規分布に従うことが確認できます．

Chapter 8

確率不等式

> 確率質量関数および確率密度関数 $f(x)$ が明示的に与えられれば，具体的に確率および確率密度の値を計算できます．しかし現実には $f(x)$ そのものは与えられず，例えば期待値 $E[x]$ や分散 $V[x]$ などの部分的な情報しかわからない場合もあります．本章では，そのような場合でも確率の大きさを見積もれる有用な不等式を紹介します．

8.1 和集合上界

1.2 節で示した加法法則 $\Pr(A \cup B) = \Pr(A) + \Pr(B) - \Pr(A \cap B)$ において，確率 $\Pr(A \cap B)$ は非負であることから，直ちに

$$\Pr(A \cup B) \leq \Pr(A) + \Pr(B) \tag{8.1}$$

が得られます．これを**和集合上界**（**union bound**）とよびます．$\Pr(A \cup B)$ を直接求めるのが困難な場合でも，個々の確率 $\Pr(A)$ と $\Pr(B)$ さえ求められれば $\Pr(A \cup B)$ の上界がわかります．和集合上界は 3 つ以上の事象に対しても拡張でき，事象 $A_1, \ldots, A_N$ に対して

$$\Pr(A_1 \cup \cdots \cup A_N) \leq \Pr(A_1) + \cdots + \Pr(A_N) \tag{8.2}$$

が成り立ちます．

8.2 確率の不等式

本節では，期待値や分散を用いた確率の不等式を紹介します．

8.2.1 マルコフの不等式とチェルノフの不等式

非負の確率変数 x が期待値 $E[x]$ を持つとき，任意の正のスカラー a に対して

$$\Pr(x \geq a) \leq \frac{E[x]}{a} \tag{8.3}$$

が成り立ちます（図 8.1）．これを**マルコフの不等式**（Markov's inequality）とよびます．マルコフの不等式によって，期待値だけから上側確率の上限を求められます．また，$\Pr(x < a) = 1 - \Pr(x \geq a)$ より，下側確率の下限も求められます．

$$\Pr(x < a) \geq 1 - \frac{E[x]}{a} \tag{8.4}$$

マルコフの不等式は，$x \geq 0$ に対して定義される関数

$$g(x) = \begin{cases} a & (x \geq a) \\ 0 & (0 \leq x < a) \end{cases}$$

が $x \geq g(x)$ を満たすことから，

$$E[x] \geq E[g(x)] = a \Pr(x \geq a)$$

と証明できます．

任意の非負の単調増加関数 $\phi(x)$ を用いれば，マルコフの不等式を

$$\Pr(x \geq a) = \Pr\bigl(\phi(x) \geq \phi(a)\bigr) \leq \frac{E[\phi(x)]}{\phi(a)} \tag{8.5}$$

と一般化できます．式 (8.5) の一般化したマルコフの不等式で，任意の $t > 0$ に対して $\phi(x) = e^{tx}$ とおいたものを**チェルノフの不等式**（Chernoff's inequality）とよびます．

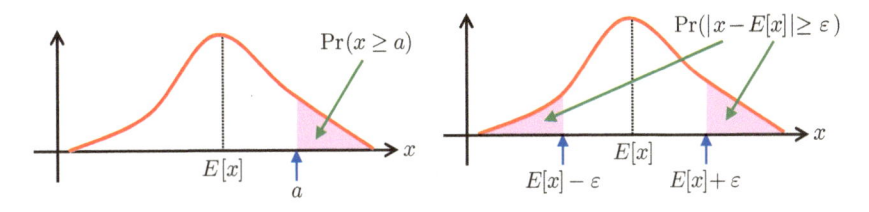

図 8.1 マルコフの不等式. 図 8.2 チェビシェフの不等式.

$$\Pr(x \geq a) = \Pr\left(e^{tx} \geq e^{ta}\right) \leq \frac{E[e^{tx}]}{e^{ta}} \tag{8.6}$$

式 (8.6) の右辺を t に関して最小化すれば，より正確な上界が得られます．

8.2.2 カンテリの不等式とチェビシェフの不等式

マルコフの不等式では，期待値 $E[x]$ を用いて確率の上界を求めました．ここでは，期待値 $E[x]$ に加えて分散 $V[x]$ も用いた上界を示します．

確率変数 x が期待値 $E[x]$ と分散 $V[x]$ を持つとき，正のスカラー ε に対して，x と a に対するマルコフの不等式 (8.3) を $(\varepsilon(x - E[x]) + V[x])^2$ と $(V[x] + \varepsilon^2)^2$ に適用すると，

$$\Pr\left(x - E[x] \geq \varepsilon\right) = \Pr\left(\varepsilon(x - E[x]) + V[x] \geq V[x] + \varepsilon^2\right)$$
$$\leq \Pr\left(\{\varepsilon(x - E[x]) + V[x]\}^2 \geq \{V[x] + \varepsilon^2\}^2\right) \leq \frac{V[x]}{V[x] + \varepsilon^2} \tag{8.7}$$

が得られます．ただし，$\Pr(a \geq b) \leq \Pr(a^2 \geq b^2)$ を用いました．同様に，

$$\Pr\left(x - E[x] \leq -\varepsilon\right) \leq \frac{V[x]}{V[x] + \varepsilon^2} \tag{8.8}$$

も成り立ちます．これらを，**カンテリの不等式**（Cantelli's inequality），あるいは，**片側チェビシェフの不等式**（one-sided Chebyshev's inequality）とよびます．さらに，x と a に対するマルコフの不等式 (8.3) を $(x - E[x])^2$ と ε^2 に適用すれば，

$$\Pr\left(|x - E[x]| \geq \varepsilon\right) = \Pr\left((x - E[x])^2 \geq \varepsilon^2\right) \leq \frac{V[x]}{\varepsilon^2} \tag{8.9}$$

が成り立ちます（図 8.2）．これを**チェビシェフの不等式**（**Chebyshev's in-**

equality）とよびます．マルコフの不等式では片側確率しか評価できませんでしたが，チェビシェフの不等式では両側確率の上限を求められます．

チェビシェフの不等式は，任意の区間 $[a,b]$ に一般化できます．

$$\Pr\Bigl(a < x < b\Bigr) \geq 1 - \frac{V[x] + \bigl(E[x] - \frac{a+b}{2}\bigr)^2}{\bigl(\frac{b-a}{2}\bigr)^2} \tag{8.10}$$

これが成り立つことは，x と a に対するマルコフの不等式 (8.3) を $\bigl(x - \frac{a+b}{2}\bigr)^2$ と $\bigl(\frac{b-a}{2}\bigr)^2$ に適用することによって確認できます．

$$\begin{aligned}
\Pr\Bigl((x \leq a) \cup (b \leq x)\Bigr) &= \Pr\left(\left|x - \frac{a+b}{2}\right| \geq \frac{b-a}{2}\right) \\
&= \Pr\left(\left(x - \frac{a+b}{2}\right)^2 \geq \left(\frac{b-a}{2}\right)^2\right) \\
&\leq \frac{E[(x - \frac{a+b}{2})^2]}{\bigl(\frac{b-a}{2}\bigr)^2} = \frac{V[x] + \bigl(E[x] - \frac{a+b}{2}\bigr)^2}{\bigl(\frac{b-a}{2}\bigr)^2}
\end{aligned}$$

なお，上式で $a = -\varepsilon + E[x]$，$b = \varepsilon + E[x]$ とおけば，もとのチェビシェフの不等式に戻ります．

8.3 期待値の不等式

本節では，確率変数の期待値に関する不等式を紹介します．

8.3.1 イェンセンの不等式

任意の $\theta \in [0,1]$ と任意の $a < b$ に対して実数値関数 $h(x)$ が

$$h\bigl(\theta a + (1-\theta)b\bigr) \leq \theta h(a) + (1-\theta)h(b) \tag{8.11}$$

を満たすとき，$h(x)$ は**凸関数**（**convex function**）であるといいます（図8.3）．$h(x)$ が凸関数ならば任意の点 c に対して接線 $g(x) = \alpha x + \beta$ が存在し，$h(c) = g(c)$ かつすべての x に対して $h(x) \geq g(x)$ を満たします（図8.3）．ここで $c = E[x]$ とおけば，

$$E\bigl[h(x)\bigr] \geq E\bigl[g(x)\bigr] = \alpha E[x] + \beta = g(E[x]) = h(E[x]) \tag{8.12}$$

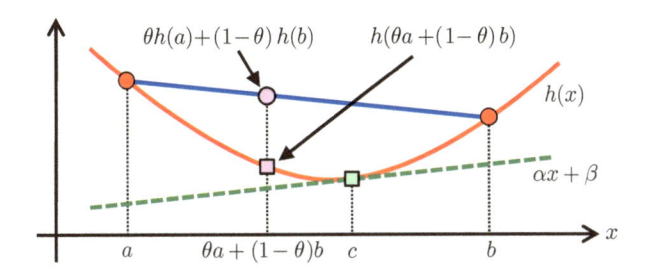

図 8.3 凸関数と接線.

が得られます．これを**イェンセンの不等式**（**Jensen's inequality**）とよびます．一般に，確率変数 x を $h(x)$ に変換した後で期待値 $E[h(x)]$ を求めるのは困難です．しかし，期待値 $E[x]$ を求めた後で $h(E[x])$ に変換するのは容易であり，これにより評価が困難な $E[h(x)]$ の下限を求められます．

イェンセンの不等式は，多次元入力の凸関数 $h(\boldsymbol{x})$ に対しても拡張できます．

$$E[h(\boldsymbol{x})] \geq h(E[\boldsymbol{x}]) \tag{8.13}$$

8.3.2 ヘルダーの不等式とシュワルツの不等式

$1/p + 1/q = 1$ を満たす正のスカラー p と q に対して確率変数 $|x|^p$ と $|y|^q$ が期待値を持つとき，

$$E[|xy|] \leq \left(E[|x|^p]\right)^{1/p} \left(E[|y|^q]\right)^{1/q} \tag{8.14}$$

が成り立ちます．これを**ヘルダーの不等式**（**Hölder's inequality**）といいます．

ヘルダーの不等式は，以下のようにして証明できます．式 (8.11) において $h(x) = e^x$ とおくと，$0 \leq \theta \leq 1$ に対して

$$e^{\theta a + (1-\theta) b} \leq \theta e^a + (1-\theta) e^b$$

が成り立ちます．ここで，

$$\theta = \frac{1}{p}, \quad 1 - \theta = \frac{1}{q}, \quad a = \log \frac{|x|^p}{E[|x|^p]}, \quad b = \log \frac{|y|^q}{E[|y|^q]},$$

とおけば，

$$\frac{|xy|}{\left(E[|x|^p]\right)^{1/p}\left(E[|y|^q]\right)^{1/q}} \leq \frac{1}{p}\frac{|x|^p}{E[|x|^p]} + \frac{1}{q}\frac{|y|^q}{E[|y|^q]}$$

が得られます．この両辺の期待値をとれば右辺は 1 になり，式 (8.14) が得られます．

ヘルダーの不等式で $p = q = 2$ とおいたものを，**シュワルツの不等式**（**Schwarz's inequality**）とよびます．

$$E[|xy|] \leq \sqrt{E[|x|^2]}\sqrt{E[|y|^2]} \tag{8.15}$$

8.3.3 ミンコフスキーの不等式

$p \geq 1$ に対して，

$$\left(E[|x+y|^p]\right)^{1/p} \leq \left(E[|x|^p]\right)^{1/p} + \left(E[|y|^p]\right)^{1/p} \tag{8.16}$$

が成り立ちます．これを**ミンコフスキーの不等式**（**Minkowski's inequality**）とよびます．

ミンコフスキーの不等式は以下のように証明できます．まず，自明な不等式 $|x+y| \leq |x| + |y|$ より

$$E[|x+y|^p] \leq E[|x| \cdot |x+y|^{p-1}] + E[|y| \cdot |x+y|^{p-1}]$$

が成り立ちます．$p = 1$ のとき，これより直ちに式 (8.16) が得られます．$p > 1$ のとき，右辺のそれぞれの項にヘルダーの不等式を適用すれば，

$$E[|x| \cdot |x+y|^{p-1}] \leq \left(E[|x|^p]\right)^{1/p}\left(E[|x+y|^{(p-1)q}]\right)^{1/q}$$

$$E[|y| \cdot |x+y|^{p-1}] \leq \left(E[|y|^p]\right)^{1/p}\left(E[|x+y|^{(p-1)q}]\right)^{1/q}$$

が得られます．ただし，$q = \frac{p}{p-1}$ とおきました．これらをまとめると，

$$E[|x+y|^p] \leq \left(\left(E[|x|^p]\right)^{1/p} + \left(E[|y|^p]\right)^{1/p}\right)\left(E[|x+y|^p]\right)^{1-1/p}$$

が得られ，両辺を $\left(E[|x+y|^p]\right)^{1-1/p}$ で割れば式 (8.16) が得られます．

8.3.4 カントロビッチの不等式

確率変数 x が $0 < a \leq x \leq b$ を満たすとき，

$$E[x]E\left[\frac{1}{x}\right] \leq \frac{(a+b)^2}{4ab} \tag{8.17}$$

が成り立ちます．これを**カントロビッチの不等式**（Kantorovich's inequality）とよびます．

カントロビッチの不等式は以下のように証明できます．まず，不等式

$$0 \leq (b-x)(x-a) = (a+b-x)x - ab$$

より $\frac{1}{x} \leq \frac{a+b-x}{ab}$ が得られます．これより，

$$E[x]E\left[\frac{1}{x}\right] \leq \frac{E[x](a+b-E[x])}{ab}$$

が成り立ち，これに平方完成

$$E[x](a+b-E[x]) = -\left(E[x] - \frac{a+b}{2}\right)^2 + \frac{(a+b)^2}{4} \leq \frac{(a+b)^2}{4}$$

を適用すれば式 (8.17) が得られます．

8.4 独立な確率変数の和と平均に関する不等式

本節では，独立な n 個の確率変数 $x_1, \ldots, x_n$ の和と平均

$$\widetilde{x} = \sum_{i=1}^{n} x_i, \quad \overline{x} = \frac{1}{n}\sum_{i=1}^{n} x_i \tag{8.18}$$

に関する不等式を紹介します．

8.4.1 チェビシェフの不等式とチェルノフの不等式

チェビシェフの不等式 (8.9) より，$\widetilde{x} - E[\widetilde{x}]$ に対して

$$\Pr\Bigl(|\widetilde{x} - E[\widetilde{x}]| \geq \varepsilon\Bigr) = \Pr\Bigl((\widetilde{x} - E[\widetilde{x}])^2 \geq \varepsilon^2\Bigr)$$

$$\leq \frac{V[\widetilde{x}]}{\varepsilon^2} = \frac{\sum_{i=1}^{n} V[x_i]}{\varepsilon^2} \tag{8.19}$$

が成り立ちます．さらに $V[x_1] = \cdots = V[x_n] = \sigma^2$ のとき，$\overline{x} - E[\overline{x}]$ に対して

$$\Pr\left(|\overline{x} - E[\overline{x}]| \geq \varepsilon\right) \leq \frac{\sigma^2}{n\varepsilon^2} \tag{8.20}$$

が成り立ちます．このようにチェビシェフの不等式を用いると，上限が $\frac{1}{n}$ に比例して減少していきます．

一方，チェルノフの不等式 (8.6) より，任意の正のスカラー t に対して

$$\Pr\left(\widetilde{x} - E[\widetilde{x}] \geq \varepsilon\right) \leq \exp\left(-t\varepsilon\right) E\left[\exp\left(t\sum_{i=1}^{n}(x_i - E[x_i])\right)\right]$$

$$= \exp\left(-t\varepsilon\right) \prod_{i=1}^{n} E\left[\exp\left(t(x_i - E[x_i])\right)\right] \tag{8.21}$$

が成り立ちます．このようにチェルノフの不等式 (8.21) を用いると，上限が確率変数 $x_i - E[x_i]$ の積率母関数の積に依存します．そのため，上限が n に対して指数関数的に減少すると期待できます．

チェルノフの不等式 (8.21) は，次に紹介するヘフディングの不等式やベネットの不等式の導出に用いられます．

8.4.2 ヘフディングの不等式とベルンシュタインの不等式

各確率変数 x_i が $a_i \leq x_i \leq b_i$ を満たすとき，ヘフディングの公式

$$E\left[\exp\left(t(x_i - E[x_i])\right)\right] \leq \exp\left(\frac{t^2(b_i - a_i)^2}{8}\right) \tag{8.22}$$

をチェルノフの不等式 (8.21) に適用すると

$$\Pr\left(\widetilde{x} - E[\widetilde{x}] \geq \varepsilon\right) \leq \exp\left(\frac{t^2}{8}\sum_{i=1}^{n}(b_i - a_i)^2 - t\varepsilon\right) \tag{8.23}$$

が得られます．ここで，右辺を最小にするように

$$t = \frac{4\varepsilon}{\sum_{i=1}^{n}(b_i - a_i)^2} \tag{8.24}$$

とおけば，

$$\Pr\bigl(\widetilde{x} - E[\widetilde{x}] \geq \varepsilon\bigr) \leq \exp\left(-\frac{2\varepsilon^2}{\sum_{i=1}^{n}(b_i - a_i)^2}\right) \quad (8.25)$$

が得られます．これを**ヘフディングの不等式**（**Hoeffding's inequality**）とよびます．同様に平均$\overline{x}$に対しては，

$$\Pr\bigl(\overline{x} - E[\overline{x}] \geq \varepsilon\bigr) \leq \exp\left(-\frac{2n\varepsilon^2}{\frac{1}{n}\sum_{i=1}^{n}(b_i - a_i)^2}\right) \quad (8.26)$$

が成り立ちます．

各確率変数x_iが$|x_i - E[x_i]| \leq a$を満たすとき，

$$\Pr\bigl(\widetilde{x} - E[\widetilde{x}] \geq \varepsilon\bigr) \leq \exp\left(-\frac{\varepsilon^2}{2\sum_{i=1}^{n} V[x_i] + 2a\varepsilon/3}\right) \quad (8.27)$$

が成り立ちます．これを**ベルンシュタインの不等式**（**Bernstein's inequality**）とよびます．ベルンシュタインの不等式の導出は，8.4.3項で説明します．確率変数x_iの平均$\overline{x}$に対しては，

$$\Pr\bigl(\overline{x} - E[\overline{x}] \geq \varepsilon\bigr) \leq \exp\left(-\frac{n\varepsilon^2}{\frac{2}{n}\sum_{i=1}^{n} V[x_i] + 2a\varepsilon/3}\right) \quad (8.28)$$

が成り立ちます．$V[x_1] = \cdots = V[x_n] = \varepsilon$のとき，この不等式は

$$\Pr\bigl(\overline{x} - E[\overline{x}] \geq \varepsilon\bigr) \leq \exp\left(-\frac{n\varepsilon}{2 + 2a/3}\right) \quad (8.29)$$

となります．これより，正の小さいεに対して，ヘフディングの不等式の$\exp(-n\varepsilon^2)$よりもベルンシュタインの不等式の$\exp(-n\varepsilon)$のほうが精度のよい上界を与えることがわかります．これは，ヘフディングの不等式では各確率変数x_iの定義域$[a_i, b_i]$だけを用いているのに対して，ベルンシュタインの不等式では分散$V[x_i]$の情報も用いているからです．

8.4.3 ベネットの不等式

各確率変数x_iが$|x_i - E[x_i]| \leq a$を満たすとき，ベネットの公式

$$E\left[\exp\bigl(t(x_i - E[x_i])\bigr)\right] \leq \exp\left(V[x_i]\frac{\exp(ta) - 1 - ta}{a^2}\right) \quad (8.30)$$

をチェルノフの不等式(8.21)に適用すると

図 8.4 $h(u) = (1+u)\log(1+u) - u$ と $g(u) = \frac{u^2}{2+2u/3}$.

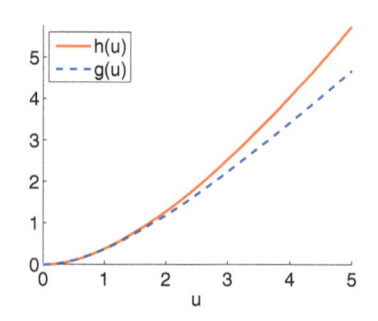

$$\Pr\left(\tilde{x} - E[\tilde{x}] \geq \varepsilon\right) \leq \exp\left(\sum_{i=1}^{n} V[x_i] \frac{\exp(ta) - 1 - ta}{a^2} - t\varepsilon\right) \quad (8.31)$$

が得られます．ここで，右辺を最小にするように

$$t = \frac{1}{a}\log\left(\frac{a\varepsilon}{\sum_{i=1}^{n} V[x_i]} + 1\right) \quad (8.32)$$

とおけば，

$$\Pr\left(\tilde{x} - E[\tilde{x}] \geq \varepsilon\right) \leq \exp\left(-\frac{\sum_{i=1}^{n} V[x_i]}{a^2} h\left(\frac{a\varepsilon}{\sum_{i=1}^{n} V[x_i]}\right)\right) \quad (8.33)$$

が得られます．ただし，

$$h(u) = (1+u)\log(1+u) - u \quad (8.34)$$

とおきました．これを**ベネットの不等式**（Bennett's inequality）とよびます．

$u \geq 0$ に対して，不等式

$$h(u) \geq g(u) = \frac{u^2}{2+2u/3} \quad (8.35)$$

が成り立ちます（図8.4）．これを用いてベネットの不等式のさらなる上限を求めると，8.4.2項で紹介したベルンシュタインの不等式が得られます．これより，ベネットの不等式はベルンシュタインの不等式よりも精密な上限を与えることがわかります．

Chapter 9

統計的推定

ここまで，確率変数や確率分布のさまざまな性質を議論してきました．しかし現実世界では，確率分布そのものは未知で標本だけが与えられることが少なくありません．本章では，与えられた標本からその背後の確率質量関数あるいは確率密度関数を推定する統計的推定（statistical estimation）の手法を紹介します．

9.1 統計的推定の基礎

標本から推定した量を**推定量**（estimator）とよび，ハット（＾）をつけて表記します．例えば，確率分布の期待値 $\boldsymbol{\mu}$ を標本平均で推定するとき，推定量を $\widehat{\boldsymbol{\mu}} = \frac{1}{n}\sum_{i=1}^{n} \boldsymbol{x}_i$ と表します．このように推定量は標本 $\{\boldsymbol{x}_i\}_{i=1}^{n}$ の関数であり，確率変数です．一方，推定量に標本の具体的な数値を代入したものを**推定値**（estimate）とよびます．有限次元のパラメータ $\boldsymbol{\theta}$ で記述された確率密度関数あるいは確率の集合を**パラメトリックモデル**（parametric model）とよび，$g(\boldsymbol{x}; \boldsymbol{\theta})$ と表記します．$g(\boldsymbol{x}; \boldsymbol{\theta})$ のセミコロンの前の $\boldsymbol{x}$ は確率変数を表し，セミコロンの後の $\boldsymbol{\theta}$ はパラメータを表します．例えば，d 次元正規分布に対応するパラメトリックモデル

$$g(\boldsymbol{x}; \boldsymbol{\mu}, \boldsymbol{\Sigma}) = \frac{1}{(2\pi)^{d/2}\sqrt{\det(\boldsymbol{\Sigma})}} \exp\left(-\frac{1}{2}(\boldsymbol{x}-\boldsymbol{\mu})^{\top}\boldsymbol{\Sigma}^{-1}(\boldsymbol{x}-\boldsymbol{\mu})\right) \quad (9.1)$$

は，期待値ベクトル $\boldsymbol{\mu}$ と分散共分散行列 $\boldsymbol{\Sigma}$ がパラメータです．

パラメトリックモデルのパラメータを同定することによって確率密度関数を推定する方法を，**パラメトリック法**（parametric method）とよびます．一方，パラメータが無限個ある場合やそもそもパラメトリックモデルを用いない方法を，**ノンパラメトリック法**（non-parametric method）とよびます．

以下では，標本 $\mathcal{D} = \{\boldsymbol{x}_i\}_{i=1}^n$ は $f(\boldsymbol{x})$ を確率質量関数あるいは確率密度関数とする同一の確率分布に独立に従うと仮定します．

9.2 最尤推定

最尤推定法（maximum likelihood estimation）は，手元にある標本 $\mathcal{D}$ が最も生起しやすいようにパラメータ $\boldsymbol{\theta}$ の値を決める方法です．標本 $\mathcal{D}$ がモデル $g(\boldsymbol{x};\boldsymbol{\theta})$ から生起する確率（連続の場合は確率密度）$L(\boldsymbol{\theta})$ は，$\mathcal{D} = \{\boldsymbol{x}_i\}_{i=1}^n$ が独立同一分布に従うという仮定より

$$L(\boldsymbol{\theta}) = \prod_{i=1}^n g(\boldsymbol{x}_i;\boldsymbol{\theta}) \tag{9.2}$$

で与えられます．これを**尤度**（likelihood）とよびます．最尤推定法では，この尤度を最大にするようにパラメータ $\boldsymbol{\theta}$ の値を決定します．

$$\widehat{\boldsymbol{\theta}}_{\mathrm{ML}} = \underset{\boldsymbol{\theta}}{\operatorname{argmax}}\, L(\boldsymbol{\theta}) \tag{9.3}$$

ここで，$\operatorname{argmax}_{\boldsymbol{\theta}} L(\boldsymbol{\theta})$ は $L(\boldsymbol{\theta})$ を最大にする $\boldsymbol{\theta}$ を表します．$g(\boldsymbol{x}_i;\boldsymbol{\theta})$ が 1 よりも小さい値をとるとき，それらの n 個の積である $L(\boldsymbol{\theta})$ は非常に小さい値になり数値計算が困難です．このような場合は，対数をとっても大小関係は変わらないことを利用して，**対数尤度**（log-likelihood）

$$\widehat{\boldsymbol{\theta}}_{\mathrm{ML}} = \underset{\boldsymbol{\theta}}{\operatorname{argmax}}\, \log L(\boldsymbol{\theta}) = \underset{\boldsymbol{\theta}}{\operatorname{argmax}} \sum_{i=1}^n \log g(\boldsymbol{x}_i;\boldsymbol{\theta}) \tag{9.4}$$

を最大にする方法が有用です．

成功確率が p のベルヌーイ分布に独立に従う標本

$$\{\text{成功}, \text{失敗}, \text{成功}, \text{成功}, \text{成功}\}$$

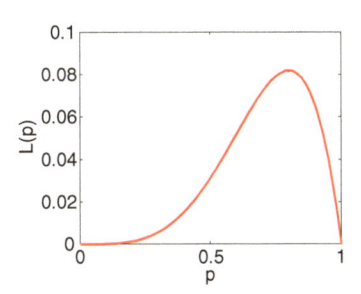

図 9.1 5回中4回が成功の標本に対するベルヌーイ分布の尤度.

が与えられたとき，尤度は

$$L(p) = p^4(1-p)$$

で与えられます（図9.1）．この尤度の p に関する微分は $p^3(4-5p)$ で与えられ，これをゼロとおけば最尤推定値 $\widehat{p}_{\mathrm{ML}} = 0.8$ が得られます．標本は5回中4回が成功なので，最尤推定値0.8は尤もらしい値であると考えられます．

正規分布 $N(\boldsymbol{\mu}, \boldsymbol{\Sigma})$ に従う標本 $\mathcal{D} = \{\boldsymbol{x}_i\}_{i=1}^{n}$ に対しては，対数尤度は

$$\log L(\boldsymbol{\mu}, \boldsymbol{\Sigma}) = -\frac{nd\log 2\pi}{2} - \frac{n\log(\det(\boldsymbol{\Sigma}))}{2}$$
$$- \frac{1}{2}\sum_{i=1}^{n}(\boldsymbol{x}_i - \boldsymbol{\mu})^\top \boldsymbol{\Sigma}^{-1}(\boldsymbol{x}_i - \boldsymbol{\mu}) \tag{9.5}$$

で与えられます．これをベクトル $\boldsymbol{\mu}$ および行列 $\boldsymbol{\Sigma}$ で偏微分すれば，

$$\frac{\partial \log L}{\partial \boldsymbol{\mu}} = n\boldsymbol{\Sigma}^{-1}\boldsymbol{\mu} + \boldsymbol{\Sigma}^{-1}\sum_{i=1}^{n}\boldsymbol{x}_i \tag{9.6}$$

$$\frac{\partial \log L}{\partial \boldsymbol{\Sigma}} = -\frac{n}{2}\boldsymbol{\Sigma}^{-1} + \frac{1}{2}\boldsymbol{\Sigma}^{-1}\left(\sum_{i=1}^{n}(\boldsymbol{x}_i - \boldsymbol{\mu})(\boldsymbol{x}_i - \boldsymbol{\mu})^\top\right)\boldsymbol{\Sigma}^{-1} \tag{9.7}$$

が得られます（memo 9.1）．これらをゼロとおいた連立方程式を解けば，

$$\widehat{\boldsymbol{\mu}}_{\mathrm{ML}} = \frac{1}{n}\sum_{i=1}^{n}\boldsymbol{x}_i, \quad \widehat{\boldsymbol{\Sigma}}_{\mathrm{ML}} = \frac{1}{n}\sum_{i=1}^{n}(\boldsymbol{x}_i - \widehat{\boldsymbol{\mu}}_{\mathrm{ML}})(\boldsymbol{x}_i - \widehat{\boldsymbol{\mu}}_{\mathrm{ML}})^\top \tag{9.8}$$

が得られます．

> ベクトルや行列での偏微分に関して，次式が成り立ちます．
> $$\frac{\partial \boldsymbol{\mu}^\top \boldsymbol{\Sigma}^{-1} \boldsymbol{\mu}}{\partial \boldsymbol{\mu}} = 2\boldsymbol{\Sigma}^{-1}\boldsymbol{\mu}, \quad \frac{\partial \boldsymbol{x}^\top \boldsymbol{\Sigma}^{-1} \boldsymbol{\mu}}{\partial \boldsymbol{\mu}} = \boldsymbol{\Sigma}^{-1}\boldsymbol{x}$$
> $$\frac{\partial \boldsymbol{x}^\top \boldsymbol{\Sigma}^{-1} \boldsymbol{x}}{\partial \boldsymbol{\Sigma}} = -\boldsymbol{\Sigma}^{-1}\boldsymbol{x}\boldsymbol{x}^\top \boldsymbol{\Sigma}^{-1}, \quad \frac{\partial \log(\det(\boldsymbol{\Sigma}))}{\partial \boldsymbol{\Sigma}} = \boldsymbol{\Sigma}^{-1}$$

memo 9.1　ベクトルや行列での偏微分の公式．

$\boldsymbol{\theta} = (\theta_1, \ldots, \theta_m)^\top$ に対して，(j, j') 要素が

$$F_{j,j'}(\boldsymbol{\theta}) = \int \frac{\partial \log g(\boldsymbol{x}; \boldsymbol{\theta})}{\partial \theta_j} \frac{\partial \log g(\boldsymbol{x}; \boldsymbol{\theta})}{\partial \theta_{j'}} g(\boldsymbol{x}; \boldsymbol{\theta}) \mathrm{d}\boldsymbol{x} \tag{9.9}$$

で与えられる $m \times m$ 行列 $\boldsymbol{F}(\boldsymbol{\theta})$ を**フィッシャー情報行列**（**Fisher information matrix**）とよびます．$E[\widehat{\boldsymbol{\theta}}_{\mathrm{ML}}] = \boldsymbol{\theta}^*$ とおけば，7.4 節で示した中心極限定理より $\sqrt{n}(\widehat{\boldsymbol{\theta}}_{\mathrm{ML}} - \boldsymbol{\theta}^*)$ は正規分布 $N(\boldsymbol{0}, \boldsymbol{F}(\boldsymbol{\theta}^*)^{-1})$ に分布収束します．つまり，最尤推定量 $\widehat{\boldsymbol{\theta}}_{\mathrm{ML}}$ は正規分布 $N(\boldsymbol{\theta}^*, \frac{1}{n}\boldsymbol{F}(\boldsymbol{\theta}^*)^{-1})$ に漸近的に従います．最尤推定量の理論的性質は，例えば文献 [2, 7] で詳しく説明されています．

9.3　ベイズ推論

最尤推定ではパラメータ $\boldsymbol{\theta}$ を決定論的な変数として扱いましたが，**ベイズ推論**（**Bayesian inference**）では $\boldsymbol{\theta}$ を確率変数とみなします．このとき，$\boldsymbol{\theta}$ に関するさまざまな確率を定義できます．

　　　事前確率：$p(\boldsymbol{\theta})$,　　尤度：$p(\mathcal{D}|\boldsymbol{\theta})$,　　事後確率：$p(\boldsymbol{\theta}|\mathcal{D})$

事前確率 $p(\boldsymbol{\theta})$ は標本 $\mathcal{D} = \{\boldsymbol{x}_i\}_{i=1}^n$ を得る前のパラメータ $\boldsymbol{\theta}$ の確率分布であり，事後確率 $p(\boldsymbol{\theta}|\mathcal{D})$ は標本 $\mathcal{D}$ を得た後のパラメータ $\boldsymbol{\theta}$ の確率分布です．尤度 $p(\mathcal{D}|\boldsymbol{\theta})$ は，パラメータ $\boldsymbol{\theta}$ の値を定めたもとで標本 $\mathcal{D}$ が得られる確率を表します．

最尤推定の枠組みではパラメトリックモデルを $g(\boldsymbol{x}; \boldsymbol{\theta})$ と表記し，セミコロンの前後で確率変数とパラメータを区別しました．一方ベイズ推論ではパラメータ $\boldsymbol{\theta}$ も確率変数として扱うことから，パラメトリックモデルを条件付

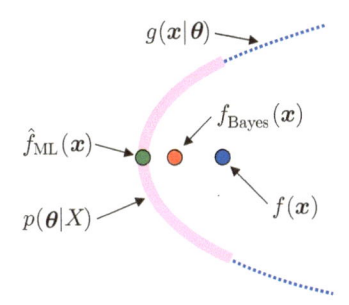

図 9.2 ベイズ推論による事後予測分布．事後確率 $p(\boldsymbol{\theta}|\mathcal{D})$ に関してパラメトリックモデル $g(\boldsymbol{x}|\boldsymbol{\theta})$ を平均化することにより，事後予測分布 $\widehat{f}_{\text{Bayes}(x)}$ は一般にパラメトリックモデル $g(\boldsymbol{x}|\boldsymbol{\theta})$ の外に飛び出します．

き確率とみなして $g(\boldsymbol{x}|\boldsymbol{\theta})$ と表記します．ベイズ推論では，事後確率 $p(\boldsymbol{\theta}|\mathcal{D})$ に関してパラメトリックモデル $g(\boldsymbol{x}|\boldsymbol{\theta})$ を平均化することにより，標本 $\mathcal{D}$ の背後にある確率質量関数あるいは確率密度関数 $f(\boldsymbol{x})$ の推定値を求めます．

$$\widehat{f}_{\text{Bayes}}(\boldsymbol{x}) = \int g(\boldsymbol{x}|\boldsymbol{\theta})p(\boldsymbol{\theta}|\mathcal{D})\mathrm{d}\boldsymbol{\theta} \tag{9.10}$$

これを**事後予測分布**（posterior predictive distribution）とよびます．パラメトリックモデル $g(\boldsymbol{x}|\boldsymbol{\theta})$ を平均化することによって，事後予測分布 $\widehat{f}_{\text{Bayes}}(\boldsymbol{x})$ は一般にパラメトリックモデル $g(\boldsymbol{x}|\boldsymbol{\theta})$ の外に飛び出します（図9.2）．これがベイズ推論の大きな特徴の1つです．

4.4 節で示したベイズの定理を適用すれば，事後確率 $p(\boldsymbol{\theta}|\mathcal{D})$ は事前確率 $p(\boldsymbol{\theta})$ と尤度 $p(\mathcal{D}|\boldsymbol{\theta})$ を用いて

$$p(\boldsymbol{\theta}|\mathcal{D}) = \frac{p(\mathcal{D}|\boldsymbol{\theta})p(\boldsymbol{\theta})}{p(\mathcal{D})} = \frac{p(\mathcal{D}|\boldsymbol{\theta})p(\boldsymbol{\theta})}{\int p(\mathcal{D}|\boldsymbol{\theta}')p(\boldsymbol{\theta}')\mathrm{d}\boldsymbol{\theta}'}$$

と表せ，尤度 $p(\mathcal{D}|\boldsymbol{\theta})$ は

$$p(\mathcal{D}|\boldsymbol{\theta}) = \prod_{i=1}^{n} g(\boldsymbol{x}_i|\boldsymbol{\theta}) \tag{9.11}$$

と表せます．これらから，事後予測分布 $\widehat{f}_{\text{Bayes}}(\boldsymbol{x})$ は，

$$\widehat{f}_{\text{Bayes}}(\boldsymbol{x}) = \frac{\int g(\boldsymbol{x}|\boldsymbol{\theta})\prod_{i=1}^{n} g(\boldsymbol{x}_i|\boldsymbol{\theta})p(\boldsymbol{\theta})\mathrm{d}\boldsymbol{\theta}}{\int \prod_{i=1}^{n} g(\boldsymbol{x}_i|\boldsymbol{\theta}')p(\boldsymbol{\theta}')\mathrm{d}\boldsymbol{\theta}'} \tag{9.12}$$

と求められます.つまり,ベイズ推論の枠組みでは特別な推定や最適化を行う必要はなく,事前確率 $p(\boldsymbol{\theta})$ とパラメトリックモデル $g(\boldsymbol{x}|\boldsymbol{\theta})$ さえ定めれば単に式 (9.12) を計算するだけで確率分布を推定できます.

しかし,パラメータ $\boldsymbol{\theta}$ の次元数が高い場合は,式 (9.12) に含まれる $\boldsymbol{\theta}$ および $\boldsymbol{\theta}'$ に関する積分を精度よく計算するのが困難です.そこで,事後確率 $p(\boldsymbol{\theta}|\mathcal{D})$ に関してパラメトリックモデル $g(\boldsymbol{x}|\boldsymbol{\theta})$ を平均化するのをやめ,事後確率 $p(\boldsymbol{\theta}|\mathcal{D})$ を最大にする値,つまり最頻値

$$\widehat{\boldsymbol{\theta}}_{\mathrm{MAP}} = \underset{\boldsymbol{\theta}}{\operatorname{argmax}}\, p(\boldsymbol{\theta}|\mathcal{D}) \tag{9.13}$$

のみを用いて近似することにします.

$$\widehat{f}_{\mathrm{MAP}}(\boldsymbol{x}) = g(\boldsymbol{x}; \widehat{\boldsymbol{\theta}}_{\mathrm{MAP}}) \tag{9.14}$$

これを**最大事後確率推定法**(maximum a posteriori estimation,MAP 推定法)とよびます.最頻値 $\widehat{\boldsymbol{\theta}}_{\mathrm{MAP}}$ は,

$$\widehat{\boldsymbol{\theta}}_{\mathrm{MAP}} = \underset{\boldsymbol{\theta}}{\operatorname{argmax}}\, [\log p(\mathcal{D}|\boldsymbol{\theta}) + \log p(\boldsymbol{\theta})] \tag{9.15}$$

と表せます.右辺 1 項目の $\log p(\mathcal{D}|\boldsymbol{\theta})$ は対数尤度であり,これを最大化するのが最尤推定法でした.最大事後確率推定法では,対数尤度だけでなく対数事前確率 $\log p(\boldsymbol{\theta})$ も合わせて最大化することによって,最尤推定解を事前確率の大きいほうに補正する効果が得られます.そのため,最大事後確率推定法を**罰則付き最尤推定法**(penalized maximum likelihood estimation)とよぶこともあります.

最大事後確率推定法はベイズ推論の近似計算法の 1 つですが,罰則付き最尤推定法という名前が表すように,最尤推定法に近い性質を持っています.例えば,最大事後確率推定法では図 9.2 のようにパラメトリックモデルの外に解が飛び出すことはありません.ベイズ推論らしさを残すべく,事後確率に関する積分を最頻値 1 点で置き換えず積分を近似計算する手法が盛んに研究されています.これらの詳細は,例えば文献 [3,5,6,7] で説明されています.また,ベイズ理論のさらなる詳細は,例えば文献 [11] で説明されています.

主観的に定めた事前確率を用いるベイズ推論と対比して,標本がもたらす客観的な情報のみを用いる最尤推定のことを**頻度主義**(frequentism)アプ

ローチとよぶこともあります．

9.4 ノンパラメトリック推定

本節では，パラメトリックモデルを用いないノンパラメトリック推定手法を紹介します．

カーネル密度推定法（kernel density estimation）では，標本 $\mathcal{D} = \{\boldsymbol{x}_i\}_{i=1}^n$ の背後にある確率密度関数 $f(\boldsymbol{x})$ の推定量を

$$\widehat{f}_{\mathrm{KDE}}(\boldsymbol{x}) = \frac{1}{n} \sum_{i=1}^n K(\boldsymbol{x}, \boldsymbol{x}_i) \tag{9.16}$$

と求めます．ここで $K(\boldsymbol{x}, \boldsymbol{x}')$ は**カーネル関数**（kernel function）であり，ガウスカーネル関数

$$K(\boldsymbol{x}, \boldsymbol{x}') = \frac{1}{(2\pi h^2)^{d/2}} \exp\left(-\frac{\|\boldsymbol{x} - \boldsymbol{x}'\|^2}{2h^2}\right) \tag{9.17}$$

がよく用いられます．$h > 0$ はガウスカーネルの**バンド幅**（bandwidth），d は $\boldsymbol{x}$ の次元数，$\|\boldsymbol{x}\| = \sqrt{\boldsymbol{x}^\top \boldsymbol{x}}$ は**ユークリッドノルム**（Euclidean norm）を表します．図9.3(a)に示すように，ガウスカーネル関数に対するカーネル密度推定法では，各標本 $\boldsymbol{x}_i$ が中心のガウスカーネル関数を足し合わせて平均します．これにより，図9.3(b)のような複雑な確率密度関数も滑らかに近

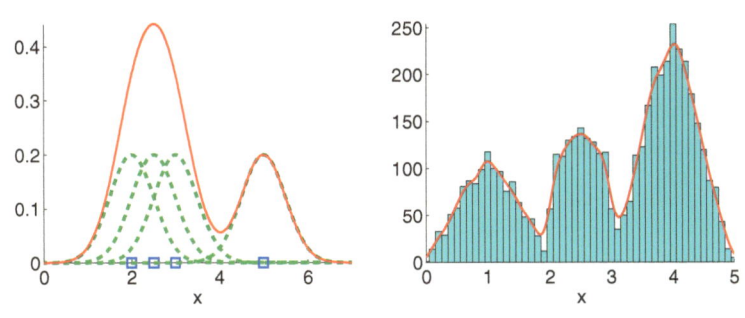

(a) 各標本 $\boldsymbol{x}_i$ が中心のガウスカーネル関数を足し合わせて平均する

(b) 複雑な確率密度関数も滑らかに近似できる

図9.3 カーネル密度推定法の実行例．

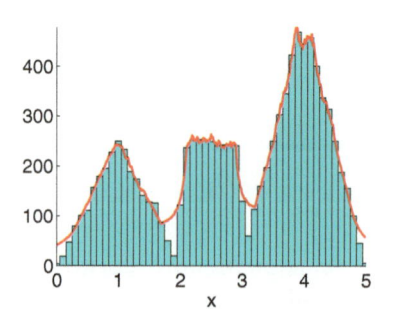

図 9.4 最近傍密度推定法の実行例.

似できます.

最近傍密度推定法(nearest neighbor density estimation)では，標本 $\mathcal{D}$ の背後にある確率密度関数 $f(\boldsymbol{x})$ の推定量を

$$\widehat{f}_{\mathrm{NNDE}}(\boldsymbol{x}) = \frac{k\Gamma(\frac{d}{2}+1)}{n\pi^{\frac{d}{2}}\|\boldsymbol{x}-\widetilde{\boldsymbol{x}}_k\|^d} \tag{9.18}$$

と求めます．ここで，$\widetilde{\boldsymbol{x}}_k$ は $\boldsymbol{x}_1,\ldots,\boldsymbol{x}_n$ の中で $\boldsymbol{x}$ に k 番目に近い標本を表します．また，$\Gamma(\cdot)$ は 3.3 節で紹介したガンマ関数であり，正の整数 α に対して

$$\Gamma(\alpha+1) = \alpha!$$
$$\Gamma\left(\alpha+\frac{1}{2}\right) = \left(\alpha-\frac{1}{2}\right) \times \left(\alpha-\frac{3}{2}\right) \times \cdots \times \frac{5}{2} \times \frac{3}{2} \times \sqrt{\pi}$$

と計算できます．図 9.4 に示すように，最近傍密度推定法はカーネル密度推定法よりも推定した確率密度関数がややギザギザになる傾向がありますが，複雑な確率密度関数の形状がうまく捉えられています．

上述したノンパラメトリック推定手法の導出は，例えば文献 [7] で説明されています．また，ベイズ推論にノンパラメトリックモデルを組み合わせた**ノンパラメトリックベイズ**(non-parametric Bayes)法が近年盛んに研究されています[10]．

9.5 最小二乗法

回帰 (regression) は，d 次元ベクトル $\boldsymbol{x}$ からスカラー y への関数を，入出力が組になった標本 $\{(\boldsymbol{x}_i, y_i)\}_{i=1}^n$ から推定する問題です．出力 y が入力 $\boldsymbol{x}$ に対する教師の役割をすることから，入出力が組になった標本 $\{(\boldsymbol{x}_i, y_i)\}_{i=1}^n$ からの推定問題を**教師付き学習** (supervised learning)，入力標本 $\{\boldsymbol{x}_i\}_{i=1}^n$ だけからの推定問題を**教師なし学習** (unsupervised learning) とよぶこともあります．

最小二乗法 (least-squares method) は最も基礎的な回帰手法の1つであり，標本に対する二乗誤差の和を最小にするように回帰モデル $r(\boldsymbol{x}; \boldsymbol{\alpha})$ を適合します．

$$\widehat{\boldsymbol{\alpha}}_{\mathrm{LS}} = \underset{\boldsymbol{\alpha}}{\operatorname{argmin}} \sum_{i=1}^n \Big(y_i - r(\boldsymbol{x}_i; \boldsymbol{\alpha}) \Big)^2 \tag{9.19}$$

回帰モデルとして，ノンパラメトリックなガウスカーネルモデル

$$r(\boldsymbol{x}; \boldsymbol{\alpha}) = \sum_{j=1}^n \alpha_j \exp\left(-\frac{\|\boldsymbol{x} - \boldsymbol{x}_j\|^2}{2h^2}\right) \tag{9.20}$$

がよく用いられます．しかし，図 9.5(a) に示すように，最小二乗回帰は雑音を含む標本に**過適合** (overfit) することがあります．

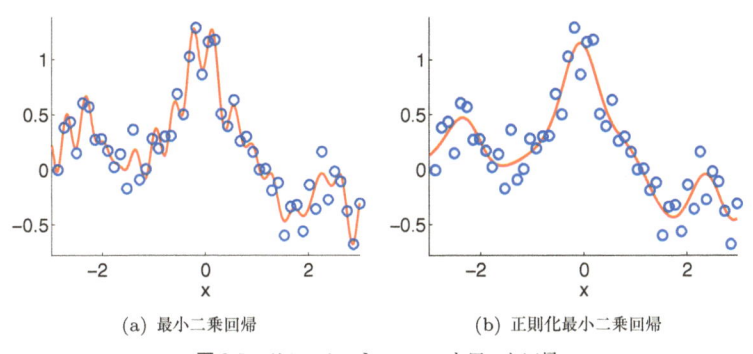

(a) 最小二乗回帰　　(b) 正則化最小二乗回帰

図 9.5 ガウスカーネルモデルを用いた回帰．

過適合を避けるためには，**正則化**（**regularization**）が有効です．

$$\widehat{\boldsymbol{\alpha}}_{\mathrm{RLS}} = \underset{\boldsymbol{\alpha}}{\operatorname{argmin}} \left[\sum_{i=1}^{n} \left(y_i - r(\boldsymbol{x}_i; \boldsymbol{\alpha}) \right)^2 + \lambda \|\boldsymbol{\alpha}\|^2 \right] \tag{9.21}$$

ここで，$\lambda \|\boldsymbol{\alpha}\|^2$ はパラメータのノルムが大きくなり過ぎないように罰則を与える項であり，$\lambda \geq 0$ は正則化の強さを調整するパラメータです．ガウスカーネルモデルに対する（正則化）最小二乗回帰の解は，

$$\widehat{\boldsymbol{\alpha}}_{\mathrm{RLS}} = (\boldsymbol{K}^2 + \lambda \boldsymbol{I})^{-1} \boldsymbol{K} (y_1, \ldots, y_n)^\top \tag{9.22}$$

と解析的に求められます．ここで，$\boldsymbol{K}$ は (i,j) 要素が

$$\exp\left(-\frac{\|\boldsymbol{x}_i - \boldsymbol{x}_j\|^2}{2h^2} \right) \tag{9.23}$$

で与えられる $n \times n$ の**カーネル行列**（**kernel matrix**）です．図 9.5(b) に示すように，正則化によって過適合を軽減できています．

出力 y が c 個の離散的な**カテゴリ**（**category**）値をとるとき，入出力関係の学習問題を**分類**（**classification**）とよびます．$c = 2$ のときは 2 つのカテゴリを $y = \pm 1$ に割り当てることによって，（正則化）最小二乗法を分類にそのまま適用できます．図 9.6 にガウスカーネルモデルを用いた最小二乗分類の例を示します．カテゴリは，最小二乗法によって求められた関数の符号によって決定します．

最小二乗法は，期待値が $r(\boldsymbol{x}; \boldsymbol{\alpha})$ のガウスモデル

$$\frac{1}{\sigma\sqrt{2\pi}} \exp\left(-\frac{(y - r(\boldsymbol{x}; \boldsymbol{\alpha}))^2}{2\sigma^2} \right) \tag{9.24}$$

を用いて出力 y を最尤推定することと等価です．また正則化最小二乗法は，パラメータ $\boldsymbol{\alpha} = (\alpha_1, \ldots, \alpha_n)^\top$ に対してガウス事前分布

$$\frac{1}{(2\pi\lambda^2)^{n/2}} \exp\left(-\frac{\|\boldsymbol{\alpha}\|^2}{2\lambda^2} \right) \tag{9.25}$$

を設定した最大事後確率推定法と等価です．

二乗誤差以外の損失関数，二乗ノルム以外の正則化項など，最小二乗法を一般化したさまざまな**機械学習**（**machine learning**）技術は，例えば文

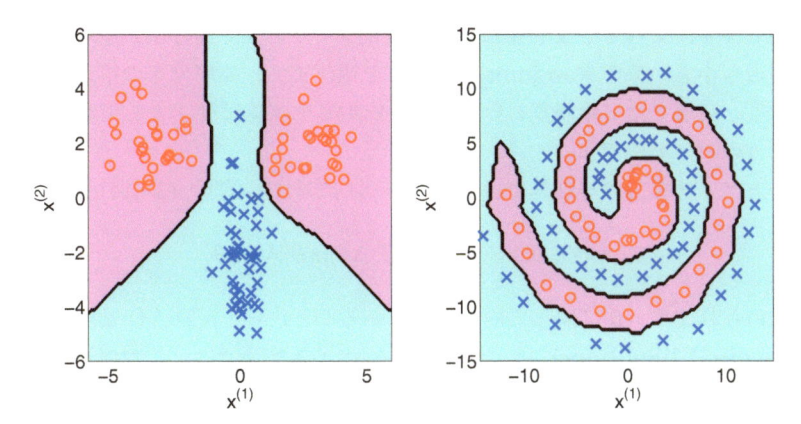

図 9.6 ガウスカーネルモデルを用いた最小二乗分類. $\bm{x} = (x^{(1)}, x^{(2)})^\top$.

献 [1, 4, 8, 9] で詳しく説明されています.

9.6 モデル選択

統計的推定手法の性能は，正則化の強さやガウスカーネルのバンド幅など，アルゴリズムに含まれる調整パラメータの値に大きく依存します．本節では，これらの調整パラメータの値を適切に決定するための**モデル選択**（model selection）手法を紹介します．

頻度主義的な推定手法では，推定規準に基づく**交差確認**（cross-validation）によってモデル選択を行うのが一般的です．具体的には，まず手持ちの標本 $\mathcal{D} = \{\bm{x}_i\}_{i=1}^n$ を k 個の重なりのない（ほぼ）同じ大きさの部分集合 $\mathcal{D}_1, \ldots, \mathcal{D}_k$ に分割します．そして j 番目以外の $k-1$ 個の部分集合 $\{\mathcal{D}_k\}_{k \neq j}$ を用いて統計的推定手法を行い，推定に用いなかった $\mathcal{D}_j$ に対する推定誤差 J_j を確認します．この推定と確認を $j = 1, \ldots, k$ に対して繰り返し，平均の推定誤差

$$J = \frac{1}{k} \sum_{j=1}^{k} J_j \tag{9.26}$$

を求めます．これをさまざまなモデル候補 $\mathcal{M}$ に対して実行し，平均推定誤差が最も小さいモデル $\mathrm{argmin}_{\mathcal{M}} J(\mathcal{M})$ を選びます．確率分布の推定では対数尤度，回帰では二乗誤差，分類では誤分類率を誤差尺度 J として交差確認を行うのが一般的です．

一方ベイズ推論の枠組みでは，モデル $\mathcal{M}$ に対する尤度 $p(\mathcal{D}|\mathcal{M})$ を

$$p(\mathcal{D}|\mathcal{M}) = \int p(\mathcal{D}|\boldsymbol{\theta}, \mathcal{M}) p(\boldsymbol{\theta}|\mathcal{M}) \mathrm{d}\boldsymbol{\theta} \tag{9.27}$$

と求められます．$\boldsymbol{\theta}$ に関して周辺化していることから，$p(\mathcal{D}|\mathcal{M})$ は**周辺尤度**（marginal likelihood）とよばれます．ベイズ推論では，この周辺尤度を最大にするモデルを選ぶのが一般的です．周辺尤度の最大化を，モデル $\mathcal{M}$ に対する**第二種最尤推定**（type-II maximum likelihood）あるいは**経験ベイズ**（empirical Bayes）法とよぶこともあります．

モデル選択のさらなる詳細は，例えば文献 [2, 9, 11] で説明されています．

9.7 信頼区間

推定量 $\widehat{\theta}$ は標本 $\mathcal{D} = \{\boldsymbol{x}_i\}_{i=1}^n$ の関数であるため，標本の実現値によって推定値が異なります．推定値だけでなくその揺らぎ具合も調べることによって，推定値の信頼性を評価でき有用です．$1-\alpha$ 以上の確率で推定量 $\widehat{\theta}$ が入る区間を，**信頼水準**（confidence level）$1-\alpha$ の**信頼区間**（confidence interval）とよびます．パラメータの値を 1 点で求める方法を**点推定**（point estimation）とよび，信頼区間を求める方法を**区間推定**（interval estimation）とよびます．本節では，区間推定の手法を紹介します．

9.7.1 正規標本の期待値の推定に対する信頼区間

1 次元の標本 $x_1, \ldots, x_n$ が正規分布 $N(\mu, \sigma^2)$ に独立に従うときに期待値 μ を標本平均

$$\widehat{\mu} = \frac{1}{n} \sum_{i=1}^n x_i \tag{9.28}$$

によって推定すれば，標準化した推定量

9.7 信頼区間

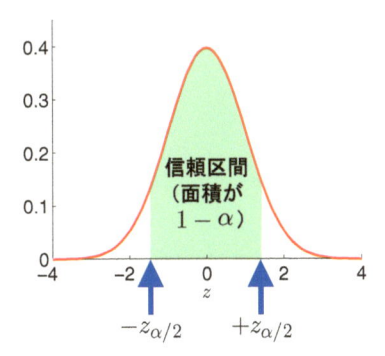

図 9.7 正規標本に対する信頼区間．

$$z = \frac{\widehat{\mu} - \mu}{\sigma/\sqrt{n}} \tag{9.29}$$

は標準正規分布 $N(0,1)$ に従います．そこで，標準正規分布 $N(0,1)$ の確率密度関数の中央の確率 $1-\alpha$ に対応する（つまり，左右 $\alpha/2$ を取り除いた）区間 $[-z_{\alpha/2}, +z_{\alpha/2}]$ を求めることにより（図 9.7），信頼水準 $1-\alpha$ の信頼区間

$$\left[\widehat{\mu} - \frac{\sigma}{\sqrt{n}} z_{\alpha/2}, \widehat{\mu} + \frac{\sigma}{\sqrt{n}} z_{\alpha/2}\right] \tag{9.30}$$

が構成できます．ただし，この計算を実際に行うためには，標準偏差 σ が既知である必要があります．

σ が未知の場合は，これを標本からの推定量

$$\widehat{\sigma} = \sqrt{\frac{1}{n-1} \sum_{i=1}^{n} (x_i - \widehat{\mu})^2} \tag{9.31}$$

で置き換えます．このとき，$\widehat{\sigma}$ で標準化した推定量

$$t = \frac{\widehat{\mu} - \mu}{\widehat{\sigma}/\sqrt{n}} \tag{9.32}$$

は自由度 $n-1$ の t 分布（3.6 節参照）に従います．そのため，$\widehat{\sigma}$ による標準化のことを**スチューデント化**（**Studentization**）とよぶこともあります．その確率密度関数の中央の確率 $1-\alpha$ に対応する区間 $[-t_{\alpha/2}, +t_{\alpha/2}]$ を求め

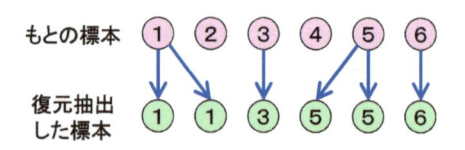

図 9.8　復元抽出による再標本化.

ることにより，信頼水準 $1-\alpha$ の信頼区間

$$\left[\widehat{\mu} - \frac{\widehat{\sigma}}{\sqrt{n}}t_{\alpha/2}, \widehat{\mu} + \frac{\widehat{\sigma}}{\sqrt{n}}t_{\alpha/2}\right] \tag{9.33}$$

が構成できます．図 3.7 に示したように，t 分布は正規分布よりも裾の重い確率密度関数を持ちます．

9.7.2　ブートストラップ法による信頼区間

　上記の信頼区間の計算法は，正規分布に従う標本の期待値の推定に対してしか適用できません．正規分布以外の確率分布に従う標本や期待値以外の統計量を扱うと，一般には推定量の確率分布がわからないため信頼区間を求められません．このような場合は，**ブートストラップ（bootstrap）法** [9] によって数値的に信頼区間を求めます．

　ブートストラップ法では，標本 $\mathcal{D} = \{\boldsymbol{x}_i\}_{i=1}^n$ から n 個の標本を復元抽出した疑似標本 $\mathcal{D}' = \{\boldsymbol{x}'_i\}_{i=1}^n$ を用います．復元抽出のため，$\mathcal{D}' = \{\boldsymbol{x}'_i\}_{i=1}^n$ にはある標本が複数回選ばれたり，ある標本は選ばれなかったりします（図 9.8）．そして，この疑似標本 $\mathcal{D}' = \{\boldsymbol{x}'_i\}_{i=1}^n$ を用いて，推定値 $\widehat{\theta}'$ を求めます．この疑似標本の生成と推定値の計算の過程を何度も繰り返すことによって，推定値 $\widehat{\theta}'$ のヒストグラムが求められます．最後に，ヒストグラムの中央の確率 $1-\alpha$ に対応する区間 $[-b_{\alpha/2}, +b_{\alpha/2}]$ を求めることによって，信頼水準 $1-\alpha$ の信頼区間が得られます．

　このようにブートストラップ法を用いれば，任意の確率分布に従う標本から計算される任意の推定量に対して，簡単に信頼区間を構成できます．さらには，信頼区間だけでなく，分散や高次の積率など推定量に関するあらゆる統計量がブートストラップ法によって評価できます．しかし，再標本化と推定値の計算を何度も繰り返す必要があるため，計算時間が膨大になるという

問題があります．

9.7.3 ベイズ推論における信頼区間

ベイズ推論では，パラメータ θ の事後確率 $p(\theta|\mathcal{D})$ の中央の確率 $1-\alpha$ に対応する領域が信頼水準 $1-\alpha$ の信頼区間に対応します．これを，**ベイズ信用区間**（**Bayesian credible interval**）とよぶこともあります．このように，ベイズ推論では特別な計算を行うことなく，直ちに信頼区間を求められます．しかし，事後確率 $p(\theta|\mathcal{D})$ が複雑な形状をしているときは，信頼区間が簡単に計算できないこともあります．また，信頼区間が事前確率 $p(\theta)$ の選び方に依存するという問題もあります．

Chapter 10

仮説検定

> コインを 20 回投げて表が 17 回出たときに，このコインは表が出やすいと単純に結論づけてよいでしょうか．この問に統計的に答えるのが，仮説検定 (hypothesis testing) の枠組みです．本章では，仮説検定の基本的な考え方，および，代表的な手法を紹介します．

10.1 仮説検定の基礎

検証したいもとの仮説を**帰無仮説**（null hypothesis）とよび，帰無仮説と対立する仮説のことを**対立仮説**（alternative hypothesis）とよびます．上記のコイン投げの例では，コインは歪んでいない（つまり表が出る確率は $1/2$）という仮説が帰無仮説であり，コインは歪んでいる（つまり表が出る確率は $1/2$ でない）という仮説が対立仮説です．

無に帰すという表現からわかるように，仮説検定の枠組みでは帰無仮説と対立仮説のどちらが正しいかを対等に検証するのではなく，帰無仮説は誤っているという立場からその妥当性を標本を用いて検証します．具体的には，帰無仮説のもとで手元にある標本が得られる確率 p を計算します．これを p **値**（p-value）とよびます．こうして標本から得られた p 値が，あらかじめ定めておいた**有意水準**（significance level）α より小さければ帰無仮説を**棄却**（reject）し，有意水準以上であれば帰無仮説を**採択**（accept）します．有意水準 α は，一般に 5％もしくは 1％に設定します．

2.2 節で示したように，コインを投げて表が出る確率は二項分布に従います．したがって，コインが歪んでいない（つまり表が出る確率が $1/2$）という帰無仮説を仮定すれば，20 回中 17 回以上表が出る確率は，

$$({}_{20}\mathrm{C}_{17} + {}_{20}\mathrm{C}_{18} + {}_{20}\mathrm{C}_{19} + {}_{20}\mathrm{C}_{20}) \times (1/2)^{20} \approx 0.0013$$

で与えられます．有意水準を $\alpha = 0.01$ に設定すれば，20 回中 17 回以上表が出る確率 0.0013 は有意水準より小さいため，帰無仮説は棄却され対立仮説が支持される，つまり，このコインは表が出やすいと結論づけられます．なお，16 回以上表が出る確率は 0.0059，15 回以上表が出る確率は 0.0207，14 回以上表が出る確率は 0.0577 であることから，表が出る回数が 15 回以下であれば有意水準 $\alpha = 0.01$ のもとで帰無仮説は採択され，このコインは歪んでいるとはいえないと結論づけられます．

このように仮説検定によって帰無仮説を棄却するときは，帰無仮説がほとんど起こらないことを標本を用いて示します．一方，帰無仮説を採択するときは，帰無仮説を積極的に実証するのではなく，帰無仮説が現実と矛盾していると主張するだけの十分な根拠がないため，やむを得ず帰無仮説を採択しているに過ぎません．このような論法を**背理法**（proof by contradiction）とよびます．

得られた値が目標値と等しいかどうかを調べる検定を**両側検定**（two-sided test）とよびます．これは，従来の機械学習手法の高速アルゴリズムを開発したときに，もとの手法と同じ推定性能が得られるかどうかを調べることに対応します．一方，得られた値が目標値よりも大きい（あるいは小さい）かどうかを調べる検定を**片側検定**（one-sided test）とよびます．これは，新たな機械学習手法を開発したときに，従来の手法より推定精度がよくなったかどうかを調べることに対応します．

仮説検定では，標本から計算する**検定統計量**（test statistic）z を考えます．そして，帰無仮説のもとでの z の確率分布を求め，実際の標本から計算した値 $\hat{z}$ が低い確率でしか起こらないならば帰無仮説を棄却し，そうでなければ帰無仮説を採択します．棄却される $\hat{z}$ が属する領域を**棄却域**（critical region）とよび，そのしきい値を**棄却限界値**（critical value）とよびます．両側検定では帰無仮説のもとでの検定統計量 z の確率質量関数，あるいは確率密度関数の左右両端の面積 $\alpha/2$ の領域が棄却域であり，片側検定では右側

(a) 両側検定（棄却限界値は $z_{\alpha/2}$）　　(b) 片側検定（棄却限界値は z_α）

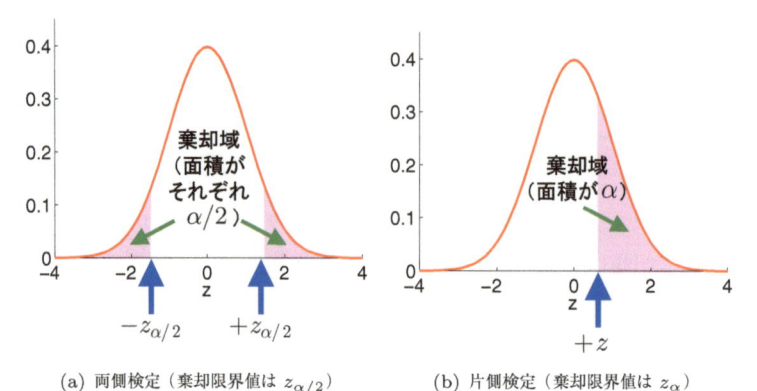

図 10.1　棄却域と棄却限界値.

（あるいは左側）の面積 α の領域が棄却域です（図 10.1）．

10.2　正規標本の期待値に関する検定

　1 次元の標本 $\mathcal{D} = \{x_1, \ldots, x_n\}$ が分散 σ^2 の正規分布に独立に従うとき，この期待値が μ であるという帰無仮説を検定する手法を紹介します．

　期待値が μ という帰無仮説のもとで，標本平均

$$\widehat{\mu} = \frac{1}{n} \sum_{i=1}^{n} x_i \tag{10.1}$$

は正規分布 $N(\mu, \sigma^2/n)$ に従うことから，標準化した

$$z = \frac{\widehat{\mu} - \mu}{\sqrt{\sigma^2/n}} \tag{10.2}$$

は標準正規分布 $N(0,1)$ に従います．この z を検定統計量として用いた検定法を z **検定**（z-test）とよびます．両側 z 検定の棄却域および棄却限界値は図 10.1(a) のようになります．一方，期待値は μ 以上であるという帰無仮説を検定するときに用いる片側 z 検定の棄却域および棄却限界値は，図 10.1(b) のようになります．

　分散 σ^2 が未知のときは，標本による不偏推定量

$$\widehat{\sigma}^2 = \frac{1}{n-1}\sum_{i=1}^{n}(x_i - \widehat{\mu})^2 \tag{10.3}$$

で σ^2 を置き換えれば，検定統計量

$$t = \frac{\widehat{\mu} - \mu}{\sqrt{\widehat{\sigma}^2/n}} \tag{10.4}$$

は期待値が μ という帰無仮説のもとで自由度 $n-1$ の t 分布に従います．棄却域は，正規分布のときと同様に設定します．これを，t **検定**（t-test）とよびます．

10.3 ネイマン・ピアソンの補題

正しい帰無仮説を棄却してしまう誤りを**第一種誤り**（type-I error），あるいは，**偽陽性**（false positive）とよびます．先ほどのコイン投げの例では，歪んでいないコインを歪んでいると判断してしまうことに対応します．一方，正しくない帰無仮説を採択してしまう誤りを**第二種誤り**（type-II error），あるいは，**偽陰性**（false negative）とよびます．これは，歪んでいるコインを歪んでいないと判断してしまうことに対応します（表 10.1）．第二種誤りを β で表し，$1-\beta$ を**検出力**（power）とよびます．仮説検定の枠組みでは第一種誤りを α に設定し，第二種誤り β をできるだけ小さく（検出力 $1-\beta$ をできるだけ大きく）します．

帰無仮説 $\theta = \theta_0$ と対立仮説 $\theta = \theta_1$ を標本 $\mathcal{D} = \{x_1, \ldots, x_n\}$ を用いて検定するとき，帰無仮説 $\theta = \theta_0$ のもとでの尤度 $L(\theta)$ と棄却限界値 α を用いて

$$\Pr\left(\frac{L(\theta_0)}{L(\theta_1)} \leq \eta_\alpha\right) = \alpha \tag{10.5}$$

を満たすように η_α に定め，棄却域を

表 10.1 第一種誤り α（偽陽性）と第二種誤り β（偽陰性）．

検定の結果	真実	
	帰無仮説が正しい	対立仮説が正しい
帰無仮説を採択	正解	第二種誤り（偽陰性）
帰無仮説を棄却	第一種誤り（偽陽性）	正解

$$\frac{L(\theta_0)}{L(\theta_1)} \leq \eta_\alpha \tag{10.6}$$

と設定すれば，第一種誤りを α に設定したもとで第二種誤りが最小（つまり検出力が最大）になります．これをネイマン・ピアソンの補題（Neyman-Pearson lemma）とよび，尤度の比を用いた検定法を**尤度比検定**（likelihood-ratio test）とよびます．

10.4 分割表の検定

本節では，表10.2に示した分割表に対する**適合度検定**（goodness-of-fit test）と**独立性検定**（independence test）を紹介します．離散型確率変数 $x \in \{1, \ldots, \ell\}$ と $y \in \{1, \ldots, m\}$ に対して，検定統計量として $p_{x,y}$ から $q_{x,y}$ への**ピアソン・ダイバージェンス**（Pearson divergence）あるいは**カイ二乗ダイバージェンス**（chi-square divergence）

$$\sum_{x=1}^{\ell} \sum_{y=1}^{m} \frac{(p_{x,y} - q_{x,y})^2}{q_{x,y}} \tag{10.7}$$

を用います．

適合度検定では，標本に対する同時確率質量関数 $\widehat{f}(x,y) = c_{x,y}/n$ が，想定している同時確率質量関数 $f(x,y)$ と等しいという帰無仮説を検定します．具体的には，

$$p_{x,y} = \widehat{f}(x,y), \quad q_{x,y} = f(x,y) \tag{10.8}$$

表 10.2 $x \in \{1, \ldots, \ell\}$ と $y \in \{1, \ldots, m\}$ に対する分割表の一般形．表中の $c_{x,y}$ は (x,y) の発生頻度を表し，$d_x = \sum_{y=1}^{m} c_{x,y}$，$e_y = \sum_{x=1}^{\ell} c_{x,y}$，$n = \sum_{x=1}^{\ell} \sum_{y=1}^{m} c_{x,y}$ とおきました．

$x \setminus y$	1	$\cdots$	m	合計
1	$c_{1,1}$	$\cdots$	$c_{1,m}$	d_1
$\vdots$	$\vdots$	$\ddots$	$\vdots$	$\vdots$
ℓ	$c_{\ell,1}$	$\cdots$	$c_{\ell,m}$	d_ℓ
合計	e_1	$\cdots$	e_m	n

とおいたピアソン・ダイバージェンスを検定統計量として用い，これが自由度 $\ell m - 1$ のカイ二乗分布に従うことを用いて棄却域を計算します．

独立性検定では，標本に対する同時確率質量関数 $\widehat{f}(x,y) = c_{x,y}/n$ が周辺確率質量関数

$$\widehat{g}(x) = \frac{d_x}{n} = \frac{1}{n}\sum_{y=1}^{m} c_{x,y}, \quad \widehat{h}(y) = \frac{e_y}{n} = \frac{1}{n}\sum_{x=1}^{\ell} c_{x,y} \tag{10.9}$$

の積と等しいかどうかを調べることによって，確率変数 x と y が統計的に独立だという帰無仮説を検定します．具体的には，

$$p_{x,y} = \widehat{f}(x,y), \quad q_{x,y} = \widehat{g}(x)\widehat{h}(y) \tag{10.10}$$

とおいたピアソン・ダイバージェンスを検定統計量として用い，x と y がそれぞれ多項分布に従うときに，これが自由度 $(\ell-1)(m-1)$ のカイ二乗分布に従うことを用いて棄却域を計算します．

ピアソン・ダイバージェンスの代わりに，**カルバック・ライブラー・ダイバージェンス（Kullback-Leibler divergence）**

$$\sum_{x=1}^{\ell}\sum_{y=1}^{m} p_{x,y}\log\frac{p_{x,y}}{q_{x,y}} \tag{10.11}$$

を検定統計量として用いる検定法を，**G 検定（G-test）**とよびます．これは尤度比検定であり，自由度 $(\ell-1)(m-1)$ のカイ二乗分布に近似的に従います．

このように，帰無仮説のもとでの検定統計量が（近似的に）カイ二乗分布に従う検定法を**カイ二乗検定（chi-square test）**とよびます．

10.5　正規標本の期待値の差に関する検定

本節では，正規分布 $N(\mu, \sigma^2)$ に従う標本 $\mathcal{D} = \{x_1, \ldots, x_n\}$ と，分散が等しい別の正規分布 $N(\mu', \sigma^2)$ に従う標本 $\mathcal{D}' = \{x'_1, \ldots, x'_{n'}\}$ を用いて，これらの確率分布が等しい，つまり，期待値 μ と μ' の差がゼロという帰無仮説を検定する手法を紹介します．

10.5.1 二標本間に対応がない場合

$\mathcal{D} = \{x_1, \ldots, x_n\}$ と $\mathcal{D}' = \{x'_1, \ldots, x'_{n'}\}$ が統計的に独立であれば，帰無仮説 $\mu = \mu'$ のもとで，標本平均

$$\widehat{\mu} = \frac{1}{n}\sum_{i=1}^{n} x_i, \quad \widehat{\mu}' = \frac{1}{n'}\sum_{i=1}^{n'} x'_i \tag{10.12}$$

の差 $\widehat{\mu} - \widehat{\mu}'$ の分散は $\sigma^2(1/n + 1/n')$ で与えられます．したがって，標準化した

$$z_{\mathrm{u}} = \frac{\widehat{\mu} - \widehat{\mu}'}{\sqrt{\sigma^2(1/n + 1/n')}} \tag{10.13}$$

は標準正規分布 $N(0, 1)$ に従います．この z_{u} を検定統計量として用いた検定法を**対応なし z 検定**（unpaired z-test）とよびます．帰無仮説 $\mu = \mu'$ を検定する対応なし両側 z 検定の棄却域，および，帰無仮説 $\mu' \geq \mu$ を検定する対応なし両側 z 検定の棄却域は，図 10.1 のようになります．

分散 σ^2 が未知のときは，これを標本分散

$$\widehat{\sigma}_{\mathrm{u}}^2 = \frac{\sum_{i=1}^{n}(x_i - \widehat{\mu})^2 + \sum_{i=1}^{n'}(x'_i - \widehat{\mu}')^2}{n + n' - 2} \tag{10.14}$$

で置き換えれば，検定統計量

$$t_{\mathrm{u}} = \frac{\widehat{\mu} - \widehat{\mu}'}{\sqrt{\widehat{\sigma}_{\mathrm{u}}^2(1/n + 1/n')}} \tag{10.15}$$

は帰無仮説 $\mu = \mu'$ のもとで自由度 $n + n' - 2$ の t 分布に従います．これを，**対応なし t 検定**（unpaired t-test）とよびます．

$\mathcal{D}$ と $\mathcal{D}'$ の分散が σ^2 と σ'^2 と異なる可能性がある場合は，それぞれの分散を

$$\widehat{\sigma}^2 = \frac{\sum_{i=1}^{n}(x_i - \widehat{\mu})^2}{n - 1}, \quad \widehat{\sigma}'^2 = \frac{\sum_{i=1}^{n'}(x'_i - \widehat{\mu}')^2}{n' - 1} \tag{10.16}$$

によって推定すれば，検定統計量

$$t_{\mathrm{W}} = \frac{\widehat{\mu} - \widehat{\mu}'}{\sqrt{\widehat{\sigma}^2/n + \widehat{\sigma}'^2/n'}} \tag{10.17}$$

は帰無仮説 $\mu = \mu'$ のもとで近似的に自由度

$$\frac{\left(\widehat{\sigma}^2/n + \widehat{\sigma}'^2/n'\right)^2}{\widehat{\sigma}^4/(n^2(n-1)) + \widehat{\sigma}'^4/(n'^2(n'-1))} \tag{10.18}$$

の t 分布に従います（整数でない場合は四捨五入します）．これを，**ウェルチの t 検定（Welch's t-test）** とよびます．

帰無仮説 $\sigma^2 = \sigma'^2$ のもとで

$$F = \frac{\widehat{\sigma}^2}{\widehat{\sigma}'^2} \tag{10.19}$$

が 3.6 節で紹介した F 分布に従うことを用いれば，分散 σ^2 と σ'^2 が同じかどうかを検定できます．これを，**F 検定（F-test）** とよびます．

10.5.2 二標本間に対応がある場合

標本 $\mathcal{D} = \{x_1, \ldots, x_n\}$ と $\mathcal{D}' = \{x'_1, \ldots, x'_{n'}\}$ が対応関係を持っているとき，つまり，$n = n'$ に対して

$$\{(x_1, x'_1), \ldots, (x_n, x'_n)\}$$

のように標本が対になっている状況を考えましょう．このとき，対応なし z 検定

$$z_{\mathrm{u}} = \frac{\Delta\widehat{\mu}}{\sqrt{2\sigma^2/n}}, \quad \Delta\widehat{\mu} = \frac{1}{n}\sum_{i=1}^n (x_i - x'_i) = \widehat{\mu} - \widehat{\mu}' \tag{10.20}$$

を用いれば，$\mathcal{D} = \{x_1, \ldots, x_n\}$ と $\mathcal{D}' = \{x'_1, \ldots, x'_n\}$ の期待値が等しいかどうかを検定できます．

ここで，$\mathcal{D}$ と $\mathcal{D}'$ の間に正の相関があれば，その情報を活用することにより検出力を高められます．具体的には，各標本の差 $x_i - x'_i$ の平均 $\Delta\widehat{\mu}$ の分散は，帰無仮説 $\mu - \mu' = 0$ のもとで，$\mathcal{D}$ と $\mathcal{D}'$ の相関係数

$$\rho = \frac{\mathrm{Cov}[x, x']}{\sqrt{V[x]}\sqrt{V[x']}} \tag{10.21}$$

を用いて $2\sigma^2(1-\rho)/n$ で与えられます．これより，標準化した

$$z_{\mathrm{p}} = \frac{\Delta\widehat{\mu}}{\sqrt{2\sigma^2(1-\rho)/n}} \tag{10.22}$$

が標準正規分布 $N(0,1)$ に従うことがわかります．これを検定統計量とする

検定法を**対応あり z 検定**(paired z-test)とよびます.$\rho > 0$ のとき

$$|z_\mathrm{p}| > |z_\mathrm{u}| \tag{10.23}$$

が成り立つため,対応あり z 検定を用いることによって対応なし z 検定よりも高い検出力が得られます.

分散 σ^2 が未知のときは,$\Delta\widehat{\mu}$ の標本分散を $1/2$ 倍した

$$\widehat{\sigma}_\mathrm{p}^2 = \frac{\sum_{i=1}^n (x_i - x_i' - \Delta\widehat{\mu})^2}{2(n-1)} \tag{10.24}$$

で σ^2 を置き換えれば,

$$t_\mathrm{p} = \frac{\Delta\widehat{\mu}}{\sqrt{2\widehat{\sigma}_\mathrm{p}^2 (1-\rho)/n}} \tag{10.25}$$

は帰無仮説のもとで自由度 $n-1$ の t 分布に従います.これを検定統計量として用いた検定法を,**対応あり t 検定**(paired t-test)とよびます.

対応なし t 検定で $n = n'$ とおくと,検定統計量は

$$t_\mathrm{u} = \frac{\Delta\widehat{\mu}}{\sqrt{2\widehat{\sigma}_\mathrm{u}^2/n}}, \quad \widehat{\sigma}_\mathrm{u}^2 = \frac{\sum_{i=1}^n \left((x_i - \widehat{\mu})^2 + (x_i' - \widehat{\mu}')^2\right)}{2(n-1)} \tag{10.26}$$

と表せます.ここで,x と x' の**標本共分散**(sample covariance)

$$\widehat{\mathrm{Cov}}[x, x'] = \frac{1}{n-1} \sum_{i=1}^n (x_i - \mu)(x_i' - \mu') \tag{10.27}$$

を用いれば,

$$\widehat{\sigma}_\mathrm{p}^2 = \widehat{\sigma}_\mathrm{u}^2 - \widehat{\mathrm{Cov}}[x, x'] \tag{10.28}$$

が成り立ちます.これより,$\widehat{\mathrm{Cov}}[x, x'] > 0$ ならば

$$|t_\mathrm{p}| > |t_\mathrm{u}| \tag{10.29}$$

が成り立ち,対応あり t 検定を用いることによって対応なし t 検定よりも高い検出力が得られることがわかります.

10.6 順位によるノンパラメトリック同一性検定

前節では，標本 $\mathcal{D} = \{x_1, \ldots, x_n\}$ と $\mathcal{D}' = \{x'_1, \ldots, x'_{n'}\}$ が正規分布に従うという仮定のもとで，$\mathcal{D}$ と $\mathcal{D}'$ が従う確率分布が同じかどうかを検定する手法を紹介しました．しかし，これらの方法では標本が正規分布に従わないときは正しく検定が行えません．特に，標本に異常値が含まれるときは，たった1つの異常値の影響で検定結果が変わってしまうこともあります．

本節では，確率分布に仮定をおかずに確率分布の同一性を検定する**ノンパラメトリック検定**（non-parametric test）の手法を紹介します．

10.6.1 二標本間に対応がない場合

以下では，$n \leq n'$ であると仮定します（成り立たないときは $\mathcal{D}$ と $\mathcal{D}'$ を入れ替えます）．

$x_1, \ldots, x_n$ と $x'_1, \ldots, x'_{n'}$ を合わせた $n + n'$ 個の標本を，小さい順に並べ替えたときの $x_1, \ldots, x_n$ の順位を $r_1, \ldots, r_n$ で表します．同じ大きさの標本が複数あるときは，その順位の平均値を r_i に割り当てます．例えば，x_i が小さい順に並べて3番目のとき $r_i = 3$ であり，小さい順に5番目と6番目の標本が同じ値のときはそれらの平均順位 5.5 を用います（表 10.3）．そして，$x_1, \ldots, x_n$ の順位の和

$$r = \sum_{i=1}^{n} r_i \tag{10.30}$$

を検定統計量として用います．これを，**ウィルコクソンの順位和検定**（**Wilcoxon rank-sum test**）とよびます．

表 10.3 ウィルコクソンの順位和検定での順位の付け方．この例では $r_1 = 3$, $r_2 = 5.5$, $r_3 = 1$ であり，順位和は $r = 9.5$ となります．

$\mathcal{D}$	x_3		x_1		x_2		
$\mathcal{D}'$		x'_2		x'_4		x'_3	x'_1
標本の値	−2	0	1	3.5	7	7	7.1
順位	1	2	3	4	5.5	5.5	7

この検定統計量 r は，$\mathcal{D}$ と $\mathcal{D}'$ の従う確率分布が等しいという帰無仮説のもとでは，期待値と分散が

$$\mu = \frac{n(n+n'+1)}{2}, \quad \sigma^2 = \frac{nn'(n+n'+1)}{12} \tag{10.31}$$

で与えられる正規分布に近似的に従います．標準化した $(r-\mu)/\sigma$ は標準正規分布 $N(0,1)$ に従うことから，図 10.1 のように棄却域を設定することによって検定が行えます．

マン・ホイットニーの U 検定（**Mann-Whitney U-test**）とよばれる検定法も，ウィルコクソンの順位和検定と本質的に等価です．

10.6.2 二標本間に対応がある場合

$n = n'$ に対して，標本 $\mathcal{D} = \{x_1, \ldots, x_n\}$ と $\mathcal{D}' = \{x'_1, \ldots, x'_{n'}\}$ が対応関係

$$\{(x_1, x'_1), \ldots, (x_n, x'_n)\}$$

を持つ状況を考えます．まず，$x_i = x'_i$ となる標本を取り除き，それに応じて n の値も減らします．そして，各標本の差の絶対値 $|x_i - x'_i|$ を小さい順に並べ，その順位を r_i で表します．ウィルコクソンの順位和検定と同様に，同じ大きさの値が複数あるときはその順位の平均値を用います．そして，$x_i - x'_i > 0$ である r_i の和

$$s = \sum_{i: x_i - x'_i > 0} r_i \tag{10.32}$$

を検定統計量として用います．これを，**ウィルコクソンの符号付順位検定**（**Wilcoxon signed-rank test**）とよびます．

この検定統計量 s は，$\mathcal{D}$ と $\mathcal{D}'$ の従う確率分布が等しいという帰無仮説のもとでは，期待値と分散が

$$\mu = \frac{n(n+1)}{4}, \quad \sigma^2 = \frac{n(n+1)(2n+1)}{24} \tag{10.33}$$

で与えられる正規分布に近似的に従います．標準化した $(s-\mu)/\sigma$ は標準正規分布 $N(0,1)$ に従うことから，図 10.1 のように棄却域を設定することによって検定が行えます．

10.7 モンテカルロ検定

　ここまで，帰無仮説のもとでの検定統計量が，正規分布，t 分布，カイ二乗分布などに（近似的に）従う場合の検定法を紹介してきました．しかし，検定統計量の確率分布が近似的にも解析的に求まらないこともあります．そのような場合，モンテカルロ法によって生成した標本を用いて帰無仮説のもとでの検定統計量を計算し，そのヒストグラムを用いて棄却域を数値的に求める**モンテカルロ検定**（**Monte Carlo test**）が有用です．

　10.2 節で説明した標本 $\mathcal{D} = \{x_1, \ldots, x_n\}$ の期待値が μ であるという帰無仮説に対する検定では，9.7.2 項で紹介したブートストラップ法を用いて標本 $\mathcal{D} = \{x_1, \ldots, x_n\}$ の再標本化とその標本平均の計算を何度も繰り返し，標本平均のヒストグラムを求めます．そして，両側検定の場合は μ がヒストグラムの左右両端の棄却域に入るかどうか，片側検定の場合は μ がヒストグラムの右側（あるいは左側）の棄却域に入るかどうかを調べることにより，近似的に検定を行います．p 値そのものもヒストグラムから近似的に計算できます．このようにブートストラップ法に基づく検定は，期待値だけでなく分散や中央値など任意の統計量に適用できる非常に汎用的な手法です．

　10.4 節で説明した分割表では，すべての分割の可能性を列挙することにより，帰無仮説のもとでの任意の検定統計量の確率分布が求められます．2×2 の分割表の独立性検定に対して厳密に p 値を計算する方法を，**フィッシャーの正確検定**（**Fisher's exact test**）とよびます．モンテカルロ検定では，さまざまな分割をランダムに生成し，近似的に p 値を計算します．任意の大きさの分割表の任意の検定統計量に対する p 値を近似計算できることから，モンテカルロ検定はフィッシャーの正確検定の近似一般化とみなせます．

　10.6 節で紹介した同一性検定では，2 つの標本集合 $\mathcal{D} = \{x_1, \ldots, x_n\}$ と $\mathcal{D}' = \{x'_1, \ldots, x'_{n'}\}$ を合わせた $n + n'$ 個の標本集合を考えます．そして，これを大きさ n と n' の 2 つの部分集合に分割するすべての可能性を列挙すれば，帰無仮説のもとでの任意の検定統計量の確率分布が求められます．これを**並べ替え検定**（**permutation test**）とよびます．モンテカルロ検定では，並べ替えの回数を限定し，近似的に検定を行います．

Bibliography

参考文献

[1] 赤穂昭太郎. カーネル多変量解析——非線形データ解析の新しい展開. 岩波書店, 2008.

[2] 赤池弘次, 甘利俊一, 北川源四郎, 樺島祥介, 下平英寿. 赤池情報量規準 AIC——モデリング・予測・知識発見. 共立出版, 2007.

[3] 伊庭幸人, 種村正美, 大森裕浩, 和合肇, 佐藤整尚, 高橋明彦. 計算統計 II——マルコフ連鎖モンテカルロ法とその周辺. 岩波書店, 2005.

[4] 金明哲（編）, 金森敬文, 竹之内高志, 村田昇（著）. パターン認識. 共立出版, 2009.

[5] C. M. Bishop（著）, 元田浩, 栗田多喜夫, 樋口知之, 松本裕治, 村田昇（監訳）. パターン認識と機械学習（上）——ベイズ理論による統計的予測. 丸善出版, 2012.

[6] C. M. Bishop（著）, 元田浩, 栗田多喜夫, 樋口知之, 松本裕治, 村田昇（監訳）. パターン認識と機械学習（下）——ベイズ理論による統計的予測. 丸善出版, 2012.

[7] 杉山将. 統計的機械学習——生成モデルに基づくパターン認識. オーム社, 2009.

[8] 杉山将. イラストで学ぶ機械学習——最小二乗法による識別モデル学習を中心に. 講談社, 2013.

[9] T. Hastie, R. Tibshirani, J. Fire（著）, 杉山将, 井手剛, 神嶌敏弘, 栗田多喜夫, 前田英作（監訳）. 統計的学習の基礎——データマイニング・推論・予測. 共立出版, 2014.

[10] 上田修功, 山田武士. ノンパラメトリックベイズモデル. 応用数理, Vol. 17, No. 3, pp. 2–20, 2007.

[11] 渡辺澄夫. 代数幾何と学習理論. 森北出版, 2006.

索引

アルファベット

- F 検定 — 111
- F 分布 — 41
- G 検定 — 109
- p 値 — 104
- t 検定 — 107
- t 分布 — 40
- z 検定 — 106

あ行

- イェンセンの不等式 — 83
- 異常値 — 40
- 一般化平均 — 72
- ウィシャート分布 — 61
- ウィルコクソンの順位和検定 113
- ウィルコクソンの符号付順位検定 114
- 上側確率 — 6
- ウェルチの t 検定 — 111
- オイラー数 — 22

か行

- カーネル行列 — 98
- 回帰 — 97
- 概収束 — 75
- 階乗 — 16
- カイ二乗ダイバージェンス — 108
- カイ二乗検定 — 109
- カイ二乗分布 — 35
- ガウス積分 — 28
- ガウス分布 — 28
- 可逆行列 — 55
- 確率 — 3
- 確率過程 — 69
- 確率質量関数 — 4
- 確率収束 — 75
- 確率分布 — 4
- 確率変数 — 4
- 確率密度関数 — 5
- 可算集合 — 4
- 仮説検定 — 104
- 片側確率 — 6
- 片側検定 — 105
- 片側チェビシェフの不等式 — 81
- 過適合 — 97
- カテゴリ — 98
- カーネル関数 — 95
- カーネル密度推定法 — 95
- 加法法則 — 4
- カルバック・ライブラー・ダイバージェンス — 109
- カンテリの不等式 — 81
- カントロビッチの不等式 — 85
- ガンマ関数 — 32, 63
- ガンマ分布 — 31
- 偽陰性 — 107
- 機械学習 — 98
- 幾何分布 — 26
- 幾何平均 — 72
- 棄却 — 68, 104
- 棄却域 — 105
- 棄却限界値 — 105
- 棄却法 — 66
- 期待絶対誤差 — 9
- 期待値 — 7
- 期待二乗誤差 — 9
- ギブスサンプリング法 — 70
- 帰無仮説 — 104
- 逆関数法 — 65
- 教師付き学習 — 97
- 教師なし学習 — 97
- 行周辺合計 — 45
- 偽陽性 — 107
- 共分散 — 48
- 行列式 — 30
- 虚数単位 — 13
- 空事象 — 1
- 区間推定 — 100
- 組合せ — 16
- クロネッカー積 — 64
- 経験ベイズ — 100
- 検出力 — 107
- 検定統計量 — 105
- 交差確認 — 99
- コーシー分布 — 38
- 固有値 — 57
- 固有値分解 — 57
- 固有ベクトル — 57
- コルモゴロフ — 3
- 根元事象 — 1

さ行

- 最近傍密度推定法 — 96
- 最小二乗法 — 97
- 再生的 — 73
- 最大事後確率推定法 — 94
- 採択 — 68, 104
- 最頻値 — 9
- 最尤推定法 — 90
- 算術平均 — 72
- 散布行列 — 61
- 事後確率 — 46
- 事後予測分布 — 93
- 事象 — 1
- 指数分布 — 34
- 事前確率 — 46
- 下側確率 — 6
- 従属 — 50
- 周辺化 — 44
- 周辺確率質量関数 — 44
- 周辺確率分布 — 44
- 周辺確率密度関数 — 44
- 周辺尤度 — 100
- 主軸 — 55
- 主値 — 39
- シュワルツの不等式 — 84
- 条件付き確率質量関数 — 45
- 条件付き確率分布 — 44
- 条件付き確率密度関数 — 45
- 条件付き期待値 — 45
- 条件付き分散 — 45
- 信頼区間 — 100
- 信頼水準 — 100
- 推定値 — 89
- 推定量 — 89
- スチューデント化 — 101
- 正規直交性 — 57
- 正規分布 — 27
- 正則化 — 98
- 正定値行列 — 57

正の相関	49
積事象	3
積率	11
積率母関数	12
漸近正規性	77
漸近的	77
全事象	1
尖度	10
相関係数	49
総計	45

た行

第一種誤り	107
対応あり t 検定	112
対応あり z 検定	112
対応なし t 検定	110
対応なし z 検定	110
大数の強法則	75
大数の弱法則	74
対数尤度	90
第二種誤り	107
第二種最尤推定	100
対立仮説	104
楕円	55
多項定理	54
多項分布	53
多次元正規分布	55
畳み込み	71
チェビシェフの不等式	81
チェルノフの不等式	80
中央値	8
中心極限定理	76
超幾何級数	21
超幾何分布	18
調和平均	72
提案点	66
提案分布	69
テイラー展開	12
ディリクレ分布	58
適合度検定	108
点推定	100
統計的推定	89
同時確率質量関数	43
同時確率分布	43
同時確率密度関数	44
特性関数	13
独立	50
独立性検定	108

独立同一分布	74
凸関数	82
ド・モルガンの法則	3

な行

並べ替え検定	115
二項係数	16
二項定理	16, 25
二項分布	16
二重指数分布	39
二乗平均平方根	72
ネイマン・ピアソンの補題	108
ノンパラメトリック検定	113
ノンパラメトリックベイズ	96
ノンパラメトリック法	90

は行

排反事象	3
背理法	105
パスカル分布	25
外れ値	8, 40
罰則付き最尤推定法	94
パラメトリック法	90
パラメトリックモデル	89
半正定値行列	57
バンド幅	95
ピアソン・ダイバージェンス	108
左裾確率	6
非復元抽出	18
標準化	14
標準正規分布	31
標準偏差	10
標本共分散	112
標本空間	1
標本点	1
頻度主義	94
フィッシャー情報行列	92
フィッシャーの正確検定	115
復元抽出	17
複合事象	1
符号関数	66
ブートストラップ	102
負の相関	49
負の二項係数	24
負の二項分布	24
部分積分	32
フーリエ変換	13

ブロック化ギブスサンプリング法	70
分位点	8
分割表	45
分散	9
分散共分散行列	48
分配法則	3
分布収束	77
分類	98
ベイズ信用区間	103
ベイズ推論	92
ベイズの定理	46
平方完成	28
ベクトル化作用素	64
ベータ関数	35, 58
ベータ分布	35
ベネットの不等式	88
ヘフディングの不等式	87
ヘルダーの不等式	83
ベルヌーイ試行	16
ベルヌーイ分布	17
ベルンシュタインの不等式	87
ポアソンの少数の法則	22
ポアソン分布	23
崩壊型ギブスサンプリング法	70
法則収束	77
補事象	3

ま行

マルコフの不等式	80
マルコフ連鎖モンテカルロ法	69
マン・ホイットニーの U 検定	114
右裾確率	6
ミンコフスキーの不等式	84
無相関	49
無理数	29
メトロポリス・ヘイスティングス法	69
モデル選択	99
モンテカルロ検定	115

や行

焼入れ	70
ヤコビアン	30
ヤコビ行列	30
有意水準	104
尤度	90

尤度比検定 ——— 108
ユークリッドノルム ——— 95

ら行

ラプラス分布 ——— 39
離散一様分布 ——— 15
離散型確率変数 ——— 4
両側確率 ——— 6
両側検定 ——— 105
累積分布関数 ——— 6
列周辺合計 ——— 45
連続一様分布 ——— 27
連続型確率変数 ——— 5

わ行

歪度 ——— 10
和事象 ——— 1
和集合上界 ——— 79

著者紹介

杉山　将　博士（工学）
　2001 年　東京工業大学大学院情報理工学研究科計算工学専攻
　　　　　博士課程修了
　現　在　理化学研究所 革新知能統合研究センター センター長
　　　　　東京大学大学院新領域創成科学研究科 教授
　著　書　『イラストで学ぶ 機械学習』講談社 (2013)

NDC007　127p　21cm

機械学習プロフェッショナルシリーズ

機械学習のための確率と統計

　　2015 年 4 月 7 日　第 1 刷発行
　　2023 年 5 月 25 日　第 9 刷発行

著　者　杉山　将
発行者　髙橋明男
発行所　株式会社　講談社
　　　　〒112-8001　東京都文京区音羽 2-12-21
　　　　　販売　(03)5395-4415
　　　　　業務　(03)5395-3615
編　集　株式会社　講談社サイエンティフィク
　　　　代表　堀越俊一
　　　　〒162-0825　東京都新宿区神楽坂 2-14　ノービィビル
　　　　　編集　(03)3235-3701
本文データ制作　藤原印刷株式会社
本文印刷・製本　株式会社ＫＰＳプロダクツ

　　　落丁本・乱丁本は，購入書店名を明記のうえ，講談社業務宛にお送りください．送料小社負担にてお取替えします．なお，この本の内容についてのお問い合わせは，講談社サイエンティフィク宛にお願いいたします．定価はカバーに表示してあります．
　　　©Masashi Sugiyama, 2015

　　　本書のコピー，スキャン，デジタル化等の無断複製は著作権法上での例外を除き禁じられています．本書を代行業者等の第三者に依頼してスキャンやデジタル化することはたとえ個人や家庭内の利用でも著作権法違反です．

　　　JCOPY　〈(社) 出版者著作権管理機構　委託出版物〉
　　　複写される場合は，その都度事前に (社) 出版者著作権管理機構（電話 03-3513-6969，FAX 03-3513-6979, e-mail: info@jcopy.or.jp）の許諾を得てください．

　　　Printed in Japan

　　　ISBN 978-4-06-152901-4